関係と写像

―― 直積 ――
$A \times B = \{(a, b) \mid a \in A,\ b \in B\}$

―― 関係 R ――
$R \subseteq A \times B$

―― 逆関係 R^{-1} ――
$R^{-1} = \{(b, a) \mid (a, b) \in R\}$

―― [反射律] ――
すべての x について
xRx

―― [対称律] ――
$xRy \Rightarrow yRx$

―― [推移律] ――
xRy and $yRz \Rightarrow xRz$

―― [反対称律] ――
xRy and $yRx \Rightarrow x = y$

―― 同値関係 ――
[反射律][対称律][推移律]
をみたす関係

―― 類別 A/R ――
集合 A を同値関係 R で分類

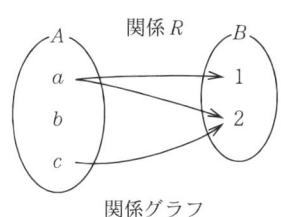
関係グラフ

―― 写像 $f : A \to B$ ――
A の各要素に，B の要素がそれぞれ
ただ1つ対応している関係

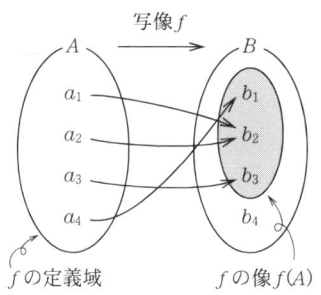

f の定義域　　　f の像 $f(A)$

―― 可算集合 ――
自然数を使って，要素に
番号付け可能な集合
$\aleph_0$

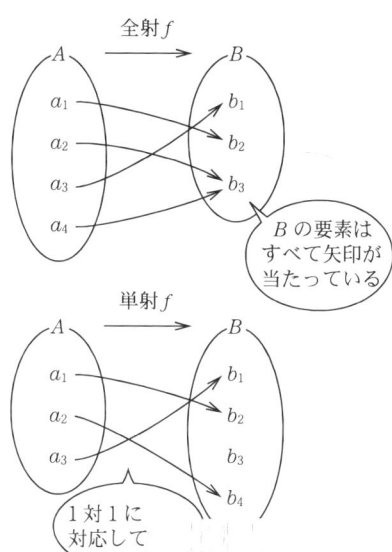

B の要素は
すべて矢印が
当たっている

1対1に
対応して

やさしく学べる
離散数学

石村園子 [著]

共立出版株式会社

まえがき

　われわれ"新人"は，20万年〜10万年前にアフリカの地に生まれたといわれています。長い間その地で多くの集団に分化し，やがてその中の一グループが7万年前〜6万年前にアフリカを出，その後の4万〜5万年をかけて，南アメリカ大陸の南端まで達しました。狩猟採集生活の新人は，やがて農耕を考え出したことにより，人口が著しく増加していき，現在では地球をほぼ独占状態にするまでになっています。生物進化の時計から見れば，新人の歴史はあっという間ですが，生活変化のスピードは加速の一途をたどっています。

　人類の生活に大きな変化をもたらしたものの一つに道具の発明があるでしょう。コンピュータはその中の一つです。現代の先進国の人々は，計算や記憶の補助から，思考，判断の補助まで，もはやそれなしには生きていかれない時代になってしまいました。すでにコンピュータは人間の道具ではなく，人間がコンピュータの道具と化して，コンピュータの補助として働いているのかもしれません。

　コンピュータ科学の基礎学問の一つに"数学"がありますが，"数学"といえば"微分積分の難しい計算"と思っている方も多いのではないでしょうか。大学の基礎教育でも，「微分積分」と「線形代数」が数学教育の2つの柱となってきました。微分積分は，基本的には，連続的に並んでいる実数という数の上に考えられている数学です。たとえば，不等式 $0<x<10$ をみたす実数 x は連続的に無数にあります。これとは異なり，不等式 $0<x<10$ をみたす自然数 x は9個しかありません。このように，"ポチ，ポチ"しか存在しない対象を扱うのが「離散数学」です。有限のシステムを考える上では，離散的な数学の

考え方が重要となります。コンピュータがいくら複雑な計算もやってくれるといっても，所詮，有限回のステップにすぎないのです。「離散数学」は新しい数学だと思っている方も数多くいらっしゃるでしょう。この名称がついたのは確かに最近ですが，元となる考え方はすでに大昔から研究されていました。ばらばらに発展してきたそれらをひとまとめにして，今日では「離散数学」と呼んでいるのです。

　本書は「離散数学」の基礎的な知識と，基本的な考え方を学ぶ入門書です。予備知識はほとんど要りません。また，難しい定理や，証明もほとんどありません。「離散数学」の中には，代数的な考え方から，幾何学的な考え方まで，幅広く入っていますので，ページ数の関係で応用についてはあまりふれられませんでした。その代わり，コラムにいくつかのトピックスを書きましたので，参考にしてください。

　コンピュータは我々の体の一部になろうとしています。しかし，コンピュータを使うのは我々です。コンピュータに使われることのないよう，しっかりと基礎的な勉強をしておきましょう。

　"やさしく学べるシリーズ"は，ご指摘や励ましを頂きながら，読者の方々のお陰でここまで続けることができました。この場をお借りして，お礼申し上げます。また，いつもながら，共立出版取締役の寿日出男氏，編集の吉村修司氏には大変お世話になりました。ありがとうございました。なお，いつものように，イラストは石村多賀子に協力してもらいました。

2007 年　酷暑の夏
石 村 園 子

目　　次

第 1 章　集合と論理 …………………………………………………… 1
§1　集　　合 ……………………………………………………… 2
- **1** 集　　合　2
- **2** 記号 $\forall$ と $\exists$　8
- **3** 集合の演算　10
- **4** 要素の個数　13

§2　論　　理 ……………………………………………………… 15
- **1** 命　　題　15
- **2** 論理演算　18
- **3** 論　理　式　22
- **4** 証　　明　26
  - 〈1〉論法　26 ／〈2〉必要条件，十分条件　30 ／〈3〉数学的帰納法　32

第 2 章　関係と写像 …………………………………………………… 35
§1　関　　係 ……………………………………………………… 36
- **1** 直積集合　36
- **2** 関　　係　38
- **3** 関係の表現　43
  - 〈1〉関係グラフ　43 ／〈2〉有向グラフ　43 ／〈3〉関係行列　43
- **4** 同値関係　46

§2 写　　像 …………………………………………………………56
　　1 写　　像　56
　　2 置　　換　60
　　3 可付番集合　63

第3章　代　数　系 ………………………………………………65
§1 代　数　系 …………………………………………………66
　　1 2項演算と代数系　66
　　2 交換律と結合律　69
　　3 単位元と逆元　70
§2 半群と群 ……………………………………………………72
　　1 半　　群　72
　　2 群　74
　　3 巡　回　群　78
　　4 対　称　群　83
§3 環　と　体 …………………………………………………86
　　1 環　86
　　2 体　88
　　3 多項式環　90

第4章　順序集合と束 ……………………………………………97
§1 順　　序 ……………………………………………………98
　　1 半順序と全順序　98
　　2 ハッセ図　106
　　3 上限，下限　110
§2 束とブール代数 ……………………………………………116
　　1 束　116
　　2 ブール代数　122

第5章　グラフ……………………………………………………………129

§1　グ ラ フ……………………………………………………………130

1 グ ラ フ　130

2 経　　路　140

3 いろいろなグラフ　146

〈1〉完全グラフと正則グラフ　146／〈2〉2部グラフ　148／
〈3〉木グラフ　150

§2　平面的グラフ…………………………………………………………155

1 平面的グラフ　155

2 オイラーグラフとハミルトングラフ　159

3 グラフの彩色　162

〈1〉頂点彩色　162／〈2〉地図の彩色　165

§3　有限オートマトン……………………………………………………170

1 状態と遷移　170

2 順序機械　173

3 有限オートマトン　177

解答の章 ……………………………………………………………………181

本書で使われている主な記号の意味 ……………………………………211

索　　引 ……………………………………………………………………215

コラム

- 命題論理と術語論理　17
- ペアノの公理　34
- 整除の定理　55
- 群・環・体　82
- 暗号とオイラーの定理　96
- ブール代数　128
- 四色問題　169
- 7つの橋問題　176
- 無限集合　180
- ユークリッドの互除法　210

第1章
集合と論理

論理的な思考の基礎になります。

§1 集合

1 集合

ここでは，本書を学ぶうえで必要な集合と要素に関する記号の使い方を勉強しよう。

集合の厳密な定義はとても難しいので，本書では次のように定義しておく。

定義

対象としているものの集まりのうち，対象物が属しているか属していないかが，明確に判定できる集まりを**集合**という。

《説明》 自然数全体を対象としてみよう。これらの数の中で

　　　100 以上である数の集まり

を考えてみると，どの自然数もこの集まりに属しているか属していないかを明確に判定することができるので，集合である。一方，

　　　大きい自然数の集まり

はどうだろう。100000 はこの集まりに属するだろうか？　この判定は人によって異なり，明確に判定することはできない。したがって，これは集合ではない。

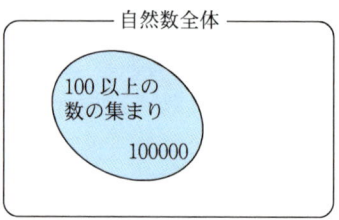

集合とは，明確に決められたものの集まりのことよ。

集合を表す記号は通常，英大文字

$$A, B, C, \cdots$$

を用いる。集合を構成している"もの"を要素または元といい，英小文字

$$a, b, c, \cdots$$

を用いる。

a が集合 A の要素であるとき

$$a \in A \quad \text{または} \quad A \ni a$$

とかき，a は A に属すという。

b が A の要素でないとき，

$$b \notin A \quad \text{または} \quad A \not\ni b$$

とかき，b は A に属さないという。

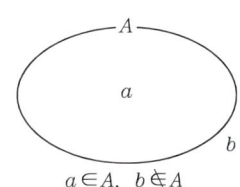

集合がどのような要素から構成されているかを明確に示す主な方法は 2 つある。

1 つは要素を列挙する方法で，たとえば

$$A = \{1, 2, 3, 4, 5\}$$

や，並んでいる要素から"$\cdots$"の部分が容易に推測できるときは

$$B = \{2, 4, 6, \cdots, 20\}$$
$$C = \{5, 10, 15, \cdots\}$$

などでもよい。

もう 1 つは，要素の条件を次のように書く方法である。

$$A = \{n \mid 1 \leqq n \leqq 5, n \text{ は自然数}\}$$
$$B = \{n \mid n = 2k, k = 1, 2, \cdots, 10\}$$
$$C = \{n \mid n = 5k, k \text{ は自然数}\}$$

$\{\ \}$ の中の $\mid$ の右側に条件を書くが，条件の表し方は 1 通りではない。

数の集合には世界共通の特別な記号がつけられているので，覚えておこう。

$\boldsymbol{N}$ = 自然数全体の集合

$\boldsymbol{Z}$ = 整数全体の集合

$\boldsymbol{Q}$ = 有理数全体の集合

$\boldsymbol{R}$ = 実数全体の集合

$\boldsymbol{C}$ = 複素数全体の集合 （説明終）

例題 1

(1) 次の集合 A, B を，要素を列挙する方法で表してみよう．
$$A = \{n \mid n = 2k-1,\ k \in \boldsymbol{N}\},\quad B = \{x \mid x^2 + x - 6 < 0,\ x \in \boldsymbol{Z}\}$$

(2) 次の集合 C, D を，条件を書く方法で表してみよう．
$$C = \{3, 6, 9, 12, 15\},\quad D = \{\cdots, -10, -5, 0, 5, 10, \cdots\}$$

(3) -2 と $1+i$ について，数の集合 $\boldsymbol{N}, \boldsymbol{Z}, \boldsymbol{Q}, \boldsymbol{R}, \boldsymbol{C}$ に属するか属さないか，$\in$ や $\notin$ の記号を使って表してみよう．

解 (1) $k \in \boldsymbol{N}$ ということは $k = 1, 2, 3, \cdots$ を考えることなので，
$$A = \{1, 3, 5, 7, \cdots\}$$

B の条件部分の不等式を解いていくと
$$B = \{x \mid (x+3)(x-2) < 0,\ x \in \boldsymbol{Z}\}$$
$$= \{x \mid -3 < x < 2,\ x \in \boldsymbol{Z}\}$$

$\boldsymbol{Z}$ は整数全体の集合なので，
$$B = \{-2, -1, 0, 1\}$$

> $\boldsymbol{N}$ = 自然数全体
> $\boldsymbol{Z}$ = 整数全体
> $\boldsymbol{Q}$ = 有理数全体
> $\boldsymbol{R}$ = 実数全体
> $\boldsymbol{C}$ = 複素数全体

(2) 条件の表し方はいろいろある．一例を示す．
$$C = \{n \mid n = 3k,\ k = 1, 2, 3, 4, 5\}$$
$$D = \{n \mid n = 5k,\ k \in \boldsymbol{Z}\}$$

(3) $\boldsymbol{N}, \boldsymbol{Z}, \boldsymbol{Q}, \boldsymbol{R}, \boldsymbol{C}$ に属するか属さないかを記号を使って表すと
$$-2 \notin \boldsymbol{N},\ -2 \in \boldsymbol{Z},\ -2 \in \boldsymbol{Q},\ -2 \in \boldsymbol{R},\ -2 \in \boldsymbol{C}$$
$$1+i \notin \boldsymbol{N},\ 1+i \notin \boldsymbol{Z},\ 1+i \notin \boldsymbol{Q},\ 1+i \notin \boldsymbol{R},\ 1+i \in \boldsymbol{C}$$
(解終)

練習問題 1 解答は p. 182

(1) 次の集合 A, B を，要素を列挙する方法で表しなさい．
$$A = \{n \mid n = 3k+1,\ k \in \boldsymbol{Z}\},\quad B = \{x \mid 2x^2 - 7x + 3 = 0,\ x \in \boldsymbol{N}\}$$

(2) 次の集合 C, D を，条件を書く方法で表しなさい．
$$C = \{1, 4, 9, 16, 25, 36\},\quad D = \{0, 4, 8, 12, 16, \cdots\}$$

(3) $\dfrac{1}{2}$ と $\sqrt{3}$ について，数の集合 $\boldsymbol{N}, \boldsymbol{Z}, \boldsymbol{Q}, \boldsymbol{R}, \boldsymbol{C}$ に属するか属さないか，$\in$ や $\notin$ の記号を使って表しなさい．

定義

対象としているもの全体を **全体集合** といい，U で表す．また，要素を1つももたない集合を **空集合** といい，ϕ で表す．

《説明》 何か集合を考えるときは，必ずある全体集合の中で考える．要素を1つももたない集まりも，集合の仲間に入れておくことにする． （説明終）

定義

集合 A の要素が集合 B の要素でもあるとき，A は B の **部分集合** であるといい，
$$A \subseteqq B \quad \text{または} \quad B \supseteqq A$$
で表す．

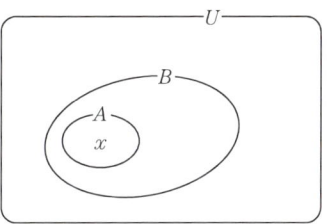

《説明》 定義を記号でかくと
$$A \subseteqq B \overset{\text{def}}{\Leftrightarrow} [\, x \in A \underset{(\text{ならば})}{\Rightarrow} x \in B \,]$$
となる．図で表すと右上のような状態のことで，

　　A は B に含まれる　または　B は A を含む

ともいう．集合は必ず，ある全体集合 U の部分集合として考え，特に $U \subseteqq U$ である．

また，空集合 はすべての集合の部分集合と定めておく． （説明終）

"def" は 定義 (definition) のことです．

定義

$$A \subseteqq B \quad \text{かつ} \quad B \subseteqq A$$
が成立するとき "A と B は等しい" といい
$$A = B$$
とかく．

《説明》 お互いの要素が含み，含まれるとき，等しい集合と定義する．つまり，要素が全く一致するときである． （説明終）

定義

$A \subseteq B$ かつ $A \neq B$ のとき
A は B の**真部分集合**であるといい
$$A \subset B \quad \text{または} \quad A \subsetneq B$$
とかく。

$$A \subseteq B \overset{\text{def}}{\Leftrightarrow} [\, x \in A \Rightarrow x \in B \,]$$

《説明》 A が B に完全に含まれている場合に，A は B の真部分集合という。本書では，記号 $A \subseteq B$ を
$$A \subseteq B \Leftrightarrow [\, A \subset B \text{ or } A = B \,]$$
の意味で用いるが，本によっては記号 $A \subset B$ を
$$A \subset B \overset{\text{def}}{\Leftrightarrow} [\, x \in A \Rightarrow x \in B \,]$$
の定義で使い，$A = B$ の場合も含めているので気をつけよう。

N = 自然数全体
Z = 整数全体
Q = 有理数全体
R = 実数全体
C = 複素数全体

数の集合については
$$N \subsetneq Z \subsetneq Q \subsetneq R \subsetneq C$$
が成立している。　　　　　　　　　　　　　　　　　　（説明終）

定義

集合 A のすべての部分集合からなる集合を
$$A \text{ の } \textbf{ベキ集合}$$
といい，$\mathcal{P}(A)$ または 2^A などで表す。

ベキ集合は Power Set ともいいます。

《説明》 集合 A の要素の数が有限で n のとき，
$$A = \{a_1, a_2, \cdots, a_n\}$$
とすると，A の部分集合は a_1 を要素としてもつかもたないか，2 通り考えられる。各 a_i ($i = 1, 2, \cdots, n$) について，要素としてもつかもたないかを考えると，全部で 2^n 個の部分集合が存在することがわかる。このことよりベキ集合を 2^A と表す。

次の例題と練習問題で，具体的にベキ集合をつくってみよう。　　　　（説明終）

例題 2

(1) 次の集合のベキ集合を求めてみよう。
   ① $A = \{a, b\}$ ② $B = \{\phi\}$
(2) A の部分集合の中で $\{a\} \subseteqq X$ となる集合 X をすべて求めてみよう。

解 (1) ① A の要素の数は 2 なので，要素の数が 0, 1, 2 の部分集合が考えられる。

要素の数が 0 の部分集合 … ϕ
要素の数が 1 の部分集合 … $\{a\}, \{b\}$
要素の数が 2 の部分集合 … $\{a, b\} (= A)$

これより
$\mathcal{P}(A) = \{\phi, \{a\}, \{b\}, \{a, b\}\}$

② $B = \{\phi\}$
 = 空集合を要素としてもつ集合
より，B の要素の数は空集合 1 つなので，B の部分集合は，要素の数が 0 と 1 の場合が考えられる。

要素の数が 0 の部分集合 … ϕ
要素の数が 1 の部分集合 … $\{\phi\} (= B)$

ベキ集合は集合を要素とする集合よ。集合を表す記号 { } の使い方に気をつけてね。

これより
$\mathcal{P}(B) = \{\phi, \{\phi\}\}$

(2) $\mathcal{P}(A)$ の要素の中で $\{a\} \subseteqq X$ となる集合は
$\{a\}, \{a, b\}$

(解終)

a ：要素
$\{a\}$ ： a を要素とする集合
$\{\{a\}\}$ ：集合 $\{a\}$ を要素とする集合

練習問題 2   解答は p. 182

(1) 次の集合のベキ集合を求めなさい。
   ① $C = \{a, b, c\}$ ② $D = \{\phi, \{\phi\}\}$
(2) C の部分集合の中で，$\{a\} \subseteqq X$ となる集合 X をすべて求めなさい。

2 記号 ∀ と ∃

数学や論理学では欠かせない記号 ∀ と ∃ を紹介しよう。

記号「∀」は**全称記号**とよばれ，英語の

$$\text{all （すべての），any （任意の）}$$

の頭文字を記号化したもので，次のように使われる。

記号 ： $\forall x \in \mathbf{Z},\ x \in \mathbf{R}$

日本語訳 ： $\mathbf{Z}$ に属するすべての（任意の）要素 x は $\mathbf{R}$ に属する。
（整数はすべて実数である。）

記号「∃」は**存在記号**とよばれ，英語の

$$\text{exist （存在する）}$$

の頭文字を記号化したもので，次のように使われる。

記号 ： $\exists x \in \mathbf{Q},\ x \in \mathbf{Z}$

日本語訳 ： $\mathbf{Q}$ には $\mathbf{Z}$ に属する要素 x が存在する。
（有理数の中には整数であるものが存在する。）

> $\mathbf{N}$ = 自然数全体
> $\mathbf{Z}$ = 整数全体
> $\mathbf{Q}$ = 有理数全体
> $\mathbf{R}$ = 実数全体
> $\mathbf{C}$ = 複素数全体

∀ と ∃ の両方使われた例を 2 つあげる。∀ と ∃ の順番の違いに気をつけよう。

記号 ： $\forall x \in \mathbf{Z},\ \exists y \in \mathbf{Z},\ x + y = 1$

日本語訳 ： $\mathbf{Z}$ の任意の要素 x に対し，$\mathbf{Z}$ のある要素 y が存在して $x+y=1$ が成立する。

$\mathbf{Z}$ の任意の要素 x に対し，$x+y=1$ となるような要素 y が $\mathbf{Z}$ に存在する。

記号 ： $\exists x \in \mathbf{R},\ \forall y \in \mathbf{R},\ xy = y$

日本語訳 ： $\mathbf{R}$ にはある要素 x が存在して，$\mathbf{R}$ の任意の要素 y に対して $xy=y$ が成立する。

$\mathbf{R}$ の中には，$\mathbf{R}$ の任意の要素 y に対して $xy=y$ が成立するような要素 x が存在する。
（この x は 1 のことである。）

例題 3

(1)〜(4) は日本語に，(5)〜(8) は記号 $\forall$，$\exists$ を使って表してみよう。

(1) $\forall x \in \boldsymbol{R}, \ x^2 \geqq 0$ (2) $\exists x \in \boldsymbol{R}, \ x^2 + x < 0$

(3) $\forall n \in \boldsymbol{Z}, \ \exists m \in \boldsymbol{Z}, \ n + m = 0$

(4) $\exists a \in \boldsymbol{Z}, \ \forall x \in \boldsymbol{R}, \ x^2 - 2x \geqq a$

(5) 複素数の中には，2乗すると実数になる数が存在する。

(6) すべての実数 x について，$x^2 - 2x + 2 \geqq 0$ が成立する。

(7) 0 と異なる任意の実数 x に対して，$xy = 1$ となる実数 y が存在する。

(8) 任意の整数 n に対し，$n + a = n$ となる定数 a が整数の中に存在する。

解 日本語訳は同じ意味であればよい。

(1) 任意の実数 x に対して，$x^2 \geqq 0$ が成立する。

(2) $x^2 + x < 0$ であるような実数 x が存在する。

(3) 任意の整数 n に対して，$n + m = 0$ となるような整数 m が存在する。

(4) 整数の中には，すべての実数 x に対し $x^2 - 2x \geqq a$ となる数 a が存在する。

(5) $\exists z \in \boldsymbol{C}, \ z^2 \in \boldsymbol{R}$

(6) $\forall x \in \boldsymbol{R}, \ x^2 - 2x + 2 \geqq 0$

(7) $\forall x \in \boldsymbol{R}^*, \ \exists y \in \boldsymbol{R}, \ xy = 1$ ただし，$\boldsymbol{R}^* = \{x \mid x \in \boldsymbol{R}, \ x \neq 0\}$

(8) $\exists a \in \boldsymbol{Z}, \ \forall n \in \boldsymbol{Z}, \ n + a = n$ (a は 0 のこと)   (解終)

練習問題 3   解答は p.182

(1)〜(4) は日本語に，(5)〜(8) は記号で表しなさい。
ただし，$\boldsymbol{R}^* = \{x \mid x \in \boldsymbol{R}, \ x \neq 0\}$ とする。

(1) $\exists n \in \boldsymbol{N}, \ \sqrt{n} \in \boldsymbol{N}$ (2) $\forall x \in \boldsymbol{R}^*, \ \dfrac{1}{x} \in \boldsymbol{R}$

(3) $\forall a \in \boldsymbol{R}^*, \ \forall b \in \boldsymbol{R}, \ \exists x \in \boldsymbol{R}, \ ax + b = 0$

(4) $\exists a \in \boldsymbol{R}, \ \forall x \in \boldsymbol{R}, \ |\sin x| < a$

(5) 複素数の中には絶対値が 1 となる数が存在する。

(6) すべての実数 x について，$e^x > 0$ である。

(7) 任意の実数 x に対し，$x^2 + x + 2 > a$ となる定数 a が自然数の中に存在する。

(8) 任意の実数 a に対し，$x^2 + x + 2 > a$ となる有理数 x が存在する。

3 集合の演算

ある全体集合 U の部分集合について，次のように演算を定義する。

定義

$$A \cup B \overset{\text{def}}{=} \{x \mid x \in A \text{ or } x \in B\} \quad (A \text{ と } B \text{ の和集合})$$

$$A \cap B \overset{\text{def}}{=} \{x \mid x \in A \text{ and } x \in B\} \quad (A \text{ と } B \text{ の積集合})$$

$$\overline{A} \overset{\text{def}}{=} \{x \mid x \notin A\} \quad (A \text{ の補集合})$$

《**説明**》 $A \cup B$, $A \cap B$, $\overline{A}$ ともに，右辺の条件により定義される集合であるが，図を用いて表すと次の色のついた部分となる。

U
A
B
A∪B
U
A
B
A∩B
U
A
Ā

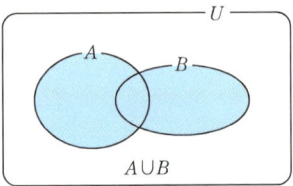

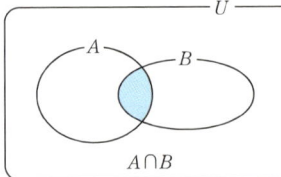

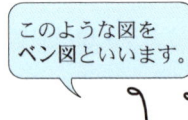

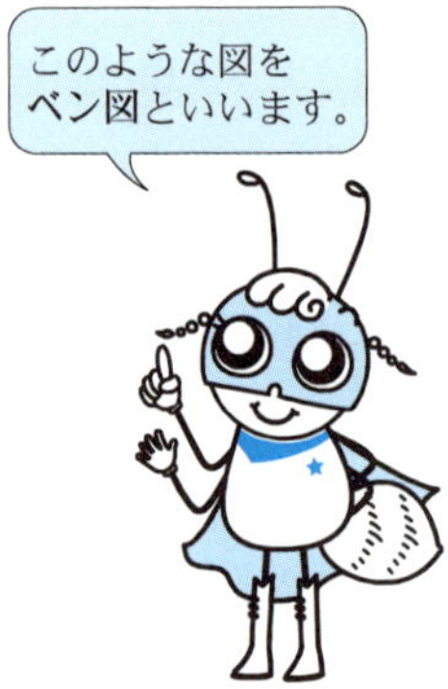

このような図を
ベン図といいます。

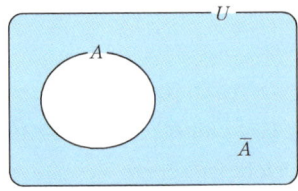

これらの演算は次の性質をもっている。　(説明終)

定理 1.1

（1）[ベキ等律]　$A \cup A = A$,　$A \cap A = A$

（2）[交換律]　$A \cup B = B \cup A$,　$A \cap B = B \cap A$

（3）[結合律]　$(A \cup B) \cup C = A \cup (B \cup C)$

$(A \cap B) \cap C = A \cap (B \cap C)$

（4）[分配律]　$A \cup (B \cap C) = (A \cup B) \cap (A \cup C)$

$A \cap (B \cup C) = (A \cap B) \cup (A \cap C)$

（5）[吸収律]　$A \cup (A \cap B) = A$,　$A \cap (A \cup B) = A$

── 定理 1.2 ──
（1） $A \cup \phi = A, \quad A \cap \phi = \phi$
（2） $A \cup U = U, \quad A \cap U = A$
（3） $A \cup \overline{A} = U, \quad A \cap \overline{A} = \phi$
（4） $\overline{\overline{A}} = A$

── 定理 1.3 ──
（1） $\overline{A \cup B} = \overline{A} \cap \overline{B}$
（2） $\overline{A \cap B} = \overline{A} \cup \overline{B}$

[ド・モルガンの法則]

=== 例題 4 ===

定理 1.1, 定理 1.3 の中の次の性質をベン図で確認してみよう。
（1） $A \cup (B \cap C) = (A \cup B) \cap (A \cup C)$
（2） $\overline{A \cup B} = \overline{A} \cap \overline{B}$

【解】（ ）内を優先し，左辺と右辺の集合を別々に図示して，等しいことを確かめよう。最終結果は色のついた部分である。

(1)　　　　$A \cup (B \cap C)$ 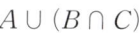　　　　$(A \cup B) \cap (A \cup C)$

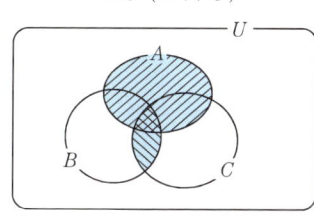
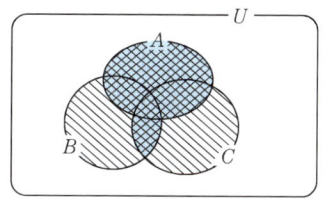

(2)　　　　$\overline{A \cup B}$ 　　　　$\overline{A} \cap \overline{B}$

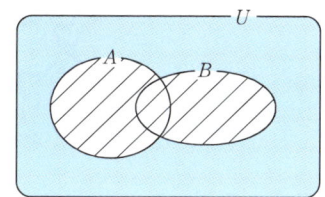
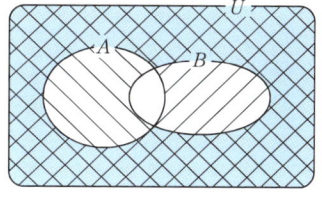

（解終）

=== 練習問題 4 ===　　　解答は p. 182

次の性質をベン図で確かめなさい。
（1） $A \cap (B \cup C) = (A \cap B) \cup (A \cap C)$　　（2） $\overline{A \cap B} = \overline{A} \cup \overline{B}$

例題 5

$U = \{n \mid 1 \leqq n \leqq 15,\ n \in \boldsymbol{Z}\}$

を全体集合とし，部分集合

$A = \{a \mid a \text{ は素数}\},\ B = \{b \mid b \text{ は奇数}\},\ C = \{c \mid c \text{ は3の倍数}\}$

を考える。

(1) $A,\ B,\ C$ の要素を列挙して示し，ベン図に表してみよう。

(2) $B \cup C,\ B \cap C,\ \overline{A},\ \overline{A \cup C},\ \overline{B} \cap C$ を求めてみよう。

解 U の要素は1から15までの整数なので，その中から $A,\ B,\ C$ の条件に合う数を選べばよい。

(1) $A = \{2, 3, 5, 7, 11, 13\}$
$B = \{1, 3, 5, 7, 9, 11, 13, 15\}$
$C = \{3, 6, 9, 12, 15\}$

ベン図は右のようになる。

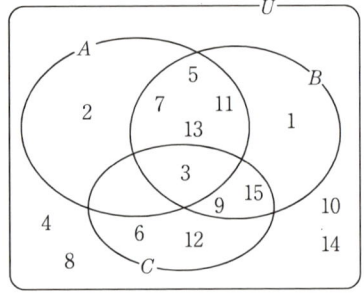

(2) ベン図を見ながら求めると
$B \cup C = \{1, 3, 5, 6, 7, 9, 11, 12, 13, 15\}$
$B \cap C = \{3, 9, 15\}$
$\overline{A} = \{1, 4, 6, 8, 9, 10, 12, 14, 15\}$
$\overline{A \cup C} = \{1, 4, 8, 10, 14\}$
$\overline{B} \cap C = \{6, 12\}$ （解終）

$$A \cup B \stackrel{\text{def}}{=} \{x \mid x \in A \text{ or } x \in B\}$$
$$A \cap B \stackrel{\text{def}}{=} \{x \mid x \in A \text{ and } x \in B\}$$
$$\overline{A} \stackrel{\text{def}}{=} \{x \mid x \notin A\}$$

"1" は素数にはいれないのよ。

練習問題 5 　　解答は p.183

$U = \{n \mid n \text{ は90の正の約数}\}$ を全体集合とし，U の部分集合を

$A = \{a \mid a \text{ は2の倍数}\},\ B = \{b \mid b \text{ は3の倍数}\},\ C = \{c \mid c \text{ は5の倍数}\}$

とするとき，次の集合の要素を求めなさい。

(1) $U,\ A,\ B,\ C$

(2) $A \cup B,\ A \cap C,\ \overline{B},\ B \cup \overline{C},\ A \cup (\overline{B} \cap C)$

4 要素の個数

> **定義**
> 要素の数が有限である集合を **有限集合** という。
> また，有限集合でない集合を **無限集合** という。

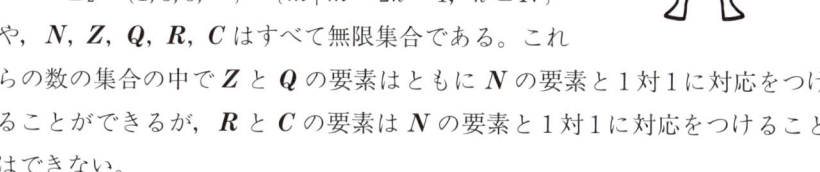
有限集合と無限集合とではかなり集合の様子が異なるのよ。

《説明》 $A_1 = \{2, 4, 6, \cdots, 98, 100\}$
$B_1 = \{1, 3, 5, \cdots, 99\}$
などは有限集合であるが
$A_2 = \{2, 4, 6, \cdots\} = \{m \mid m = 2k,\ k \in \boldsymbol{N}\}$
$B_2 = \{1, 3, 5, \cdots\} = \{m \mid m = 2k-1,\ k \in \boldsymbol{N}\}$
や，$\boldsymbol{N}, \boldsymbol{Z}, \boldsymbol{Q}, \boldsymbol{R}, \boldsymbol{C}$ はすべて無限集合である。これらの数の集合の中で $\boldsymbol{Z}$ と $\boldsymbol{Q}$ の要素はともに $\boldsymbol{N}$ の要素と 1 対 1 に対応をつけることができるが，$\boldsymbol{R}$ と $\boldsymbol{C}$ の要素は $\boldsymbol{N}$ の要素と 1 対 1 に対応をつけることはできない。

有限集合および $\boldsymbol{N}, \boldsymbol{Z}, \boldsymbol{Q}$ は離散集合，可算集合，可付番集合などとよばれる（p. 63 参照）。

A が有限集合の場合，要素の数を
$$n(A),\ |A|,\ \#(A)$$
などで表す。有限集合の要素の数については次の定理が成立する。　　　（説明終）

> **定理 1.4**
> U を有限な全体集合とする。
> A, B を U の部分集合とするとき，次の式が成立する。
> （1） $n(A \cup B) = n(A) + n(B) - n(A \cap B)$
> （2） $n(\bar{A}) = n(U) - n(A)$

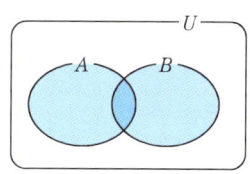

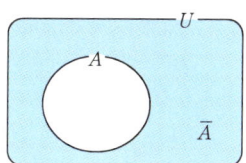

例題 6

$U = \{m \mid 1 \leqq m \leqq 100,\ m \in \mathbf{N}\}$ を全体集合とし，
$$A = \{m \mid m = 2k,\ k \in \mathbf{N}\},\quad B = \{m \mid m = 3k,\ k \in \mathbf{N}\}$$
とするとき，次の要素の個数を求めてみよう。

(1) $n(A),\ n(B),\ n(A \cap B)$
(2) $n(A \cup B),\ n(\bar{B})$
(3) $n(A \cap \bar{B})$

$\boxed{\begin{array}{l} n(A \cup B) \\ \quad = n(A) + n(B) - n(A \cap B) \\ n(\bar{A}) = n(U) - n(A) \end{array}}$

解 $U = \{1, 2, 3, \cdots, 100\}$ なので $n(U) = 100$ である。

(1) 全体集合 U の中で考えているので気をつけよう。
$A = \{2 \times 1, 2 \times 2, \cdots, 2 \times 50\}$ より $n(A) = $ 50
$B = \{3 \times 1, 3 \times 2, \cdots, 3 \times 33\}$ より $n(B) = $ 33
$A \cap B = 6$ の倍数全体 $= \{6 \times 1, 6 \times 2, \cdots, 6 \times 16\}$ より
$n(A \cap B) = $ 16

(2) $n(A \cup B) = n(A) + n(B) - n(A \cap B)$
$\qquad\qquad = 50 + 33 - 16 = $ 67
$n(\bar{B}) = n(U) - n(B)$
$\qquad = 100 - 33 = $ 67

(3) 右のベン図を見ながら求めると，
$n(A \cap \bar{B}) = n(A) - n(A \cap B)$
$\qquad\qquad = 50 - 16 = $ 34 　　（解終）

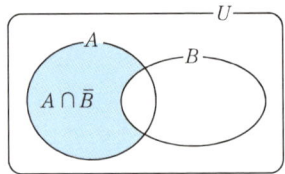

ド・モルガンの法則
$\overline{A \cup B} = \bar{A} \cap \bar{B}$
$\overline{A \cap B} = \bar{A} \cup \bar{B}$
を使ってもいいわよ。

練習問題 6 　解答は p.183

$U = \{m \mid 1 \leqq m \leqq 100,\ m \in \mathbf{N}\}$ を全体集合とし，
$A = \{m \mid m = 5k,\ k \in \mathbf{N}\},\ B = \{m \mid m = 7k,\ k \in \mathbf{N}\}$
とするとき，次の値を求めなさい。

(1) $n(A),\ n(B),\ n(A \cap B)$
(2) $n(A \cup B),\ n(\bar{A}),\ n(\bar{B})$
(3) $n(\bar{A} \cup \bar{B}),\ n(\bar{A} \cap \bar{B})$

§2 論　　理

1 命　題

ここでは，数学の文法ともいえる論理について，基本的なことを学ぼう。

定義
真か偽かどちらか一方に明確に定まる主張を**命題**という。

《説明》 命題は，誰が判断しても**真**（true）か**偽**（false）かが"はっきり"する文章や式である。

- 犬は動物である … 誰が真偽を判定しても"真"と判定されるので，命題である。
- 犬はかしこい　 …"真か偽"かの判断は人により異なるので，命題ではない。
- $5+3=8$　　　…"真"と明確に判定され，命題である。
- $x^2-1=0$　　… x に特定の数を入れないと命題とはいえない。

命題を $p, q, r, \cdots$ などの英小文字を使って表し，その中身は

$$p = 犬は動物である$$
$$p = [5+3=8]$$

などと書くことにする。

命題の真偽を**真理値**といい，真のときはT，偽のときはFの記号を使い，

　　　命題 p が真のときは　$p=$ T

　　　命題 q が偽のときは　$q=$ F

などとかく。　　　　　　　　　　（説明終）

"真か偽か"それが問題なのね。

> **定義**
>
> 変数にある特定の要素を代入すると真偽が定まる主張を **命題関数** または **述語** という。

《説明》「x は動物である」という文章は，x に "犬"，"猫"，"木" などを代入すると真偽が決定され，命題となる。このような主張を命題関数または述語という。

命題関数は x を変数として $p(x)$ などで表す。

$$p(x) = x \text{ は動物である}$$

とすると，$p(犬) = \text{T}$，$p(猫) = \text{T}$，$p(木) = \text{F}$ である。　　　　（説明終）

例題 7

(1) 次の主張は命題か。命題の場合はその真偽を求めてみよう。

　① 100 は自然数である　　　② 100 は大きい数である

　③ 人間は優れた生物である　　④ 地球は平らである

(2) 次の命題関数の真理値を求めてみよう。

　① $p(x) = x$ は動物である　　について　$p(石)$, $p(馬)$

　② $q(x) = [x^2 - 1 = 0]$　　について　$q(0)$, $q(1)$

解 (1) 真偽がはっきりする主張が命題である。

　① 命題である。T　　　② 命題ではない。

　③ 命題ではない。　　　④ 命題である。F

(2) ① $p(石) = \text{F}$, $p(馬) = \text{T}$　② $q(0) = \text{F}$, $q(1) = \text{T}$　　（解終）

練習問題 7　　　解答は p.183

(1) 次の主張は命題といえるだろうか。命題の場合はその真偽を求めなさい。

　① $\sqrt{2}$ は有理数である　　② $\sqrt{2}$ は実数である

　③ 数学は美しい学問である　　④ スイカは果物である

(2) 次の命題関数の真理値を求めなさい。

　① $p(x) = x$ は植物である　　について　$p(ウサギ)$, $p(ユリ)$

　② $q(x) = [x^2 - x - 2 = 0]$　　について　$q(0)$, $q(-1)$

命題論理と述語論理

命題論理とは，命題論理式といわれる
  （1） 真理値（T と F）
  （2） 命題変数
  （3） 命題変数と論理演算子を組み合わせた式

に関して考察する論理学です．命題論理では命題の内部構造を無視しているので，命題に対応する文の真偽しか表現できず，主語述語による関係が反映されません．

これに対し，述語論理学とは，述語論理式といわれる
  （1） 命題関数（命題論理式も含む）
  （2） 命題関数と論理演算子を組み合わせた式
  （3） 変数 x，(1) と (2) の述語論理式 $P(x)$ について，$\forall, \exists$ を含んだ式
$$\forall x P(x), \quad \exists x P(x)$$

に関して考察する論理学です．述語論理学では命題の真理値だけでなく，命題の構造，つまり，ある事象の性質や関係を含めた内部構造に注目して推論をします．たとえば，1つの事実の3通りの表現
  （a） 2 は 6 の約数である
  （b） 2 は 6 の約数という性質をもっている
  （c） 2 は 6 と約数という関係にある

を考えてみます．(a) を，2 と 6 の事実のみ主張しているとみなせば，命題論理式ですが，"約数という性質や関係" に注目し，
$$P(x) = x \text{ は } 6 \text{ の約数という性質をもっている}$$
$$Q(x, y) = x \text{ は } y \text{ と約数という関係にある}$$

とおくと，(a) は述語論理式 $P(x)$ の $x = 2$ のときの値 $P(2)$，または，述語論理式 $Q(x, y)$ の $x = 2, y = 6$ のときの値 $Q(2, 6)$ ともみなせるわけです．

2 論理演算

命題間の演算である論理演算を導入しよう。論理演算の記号は論理記号ともよばれる。

定義

2つの命題 p, q の真（T）偽（F）により，右表の真理値をもつ命題 $p \vee q$, $p \wedge q$ について，
　$p \vee q$ を p と q の**選言**，**or 演算**，**論理和**
　$p \wedge q$ を p と q の**連言**，**and 演算**，**論理積**
などという。

p	q	$p \vee q$	$p \wedge q$
T	T	T	T
T	F	T	F
F	T	T	F
F	F	F	F

《説明》 $p \vee q$ は"p or（または）q", $p \wedge q$ は"p and（かつ）q"のことである。上記の真理値は $p \vee q$ と $p \wedge q$ の定義なので覚えるしかないが，次の具体例で納得しよう。

- $p =$ T, $q =$ T の例

　　$p =$ 犬は動物である，$q =$ バラは植物である
　　$p \vee q =$ [犬は動物であるか，または，バラは植物である] $=$ T
　　$p \wedge q =$ [犬は動物であり，かつ，バラは植物である] $=$ T

- $p =$ T, $q =$ F の例

　　$p =$ 犬は動物である，$q =$ バラは動物である
　　$p \vee q =$ [犬は動物であるか，または，バラは動物である] $=$ T
　　$p \wedge q =$ [犬は動物であり，かつ，バラは動物である] $=$ F

- $p =$ F, $q =$ T の例

　　上記の p と q を入れ替えればよい。

- $p =$ F, $q =$ F の例

　　$p =$ 犬は植物である，$q =$ バラは動物である
　　$p \vee q =$ [犬は植物であるか，または，バラは動物である] $=$ F
　　$p \wedge q =$ [犬は植物であり，かつ，バラは動物である] $=$ F

迷ったら，身近な例で確認してみよう。　　　　　　　　　　　　　（説明終）

§2 論理

定義

命題 p について，右の真理値をもつ命題 $\sim p$ を

　　　p の**否定**，**not p**，**論理否定**

などという。

p	$\sim p$
T	F
F	T

《説明》　具体的な例でみてみよう。

- $\begin{cases} p = \text{犬は動物である} = \text{T} \\ \sim p = \text{犬は動物ではない} = \text{F} \end{cases}$

- $\begin{cases} p = \text{犬は植物である} = \text{F} \\ \sim p = \text{犬は植物ではない} = \text{T} \end{cases}$

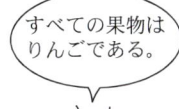

次は少しわかりにくい例である。

- $\begin{cases} p = [\forall x \in \boldsymbol{R}, x^2 \geq 0]\,(\text{すべての実数}\,x\,\text{について，}\,x^2 \geq 0\,\text{である}) = \text{T} \\ \sim p = [\exists x \in \boldsymbol{R}, x^2 < 0]\,(\text{ある実数}\,x\,\text{については，}\,x^2 < 0\,\text{である}) = \text{F} \end{cases}$

- $\begin{cases} p = [\forall x \in \boldsymbol{R}, x^2 \geq 1]\,(\text{すべての実数}\,x\,\text{について，}\,x^2 \geq 1\,\text{である}) = \text{F} \\ \sim p = [\exists x \in \boldsymbol{R}, x^2 < 1]\,(\text{ある実数}\,x\,\text{については，}\,x^2 < 1\,\text{である}) = \text{T} \end{cases}$

(説明終)

例題 8

次の命題を否定してみよう。また，真理値を求めてみよう。

(1)　$p = [\forall x \in \boldsymbol{R}, x^2 + 2x \geq 0]$

(2)　$q = [\exists x \in \boldsymbol{R}, \sin x = 2]$

解　(1)　$x^2 + 2x = (x+1)^2 - 1 \geq -1$　より　$p = \text{F}$

$$\sim p = [\exists x \in \boldsymbol{R},\ x^2 + 2x < 0] = \text{T}$$

(2)　$\forall x \in \boldsymbol{R}$ に対して $-1 \leq \sin x \leq 1$　より　$q = \text{F}$

$$\sim q = [\forall x \in \boldsymbol{R},\ \sin x \neq 2] = \text{T}$$

(解終)

練習問題 8　　解答は p.184

次の命題を否定し，真理値を求めなさい。

(1)　$p = [\forall x \in \boldsymbol{Q}, x \in \boldsymbol{Z}]$　　(2)　$q = [\exists x \in \boldsymbol{Q}, x \in \boldsymbol{Z}]$

定義

いくつかの命題が $\vee$，$\wedge$，$\sim$ によって結びつけられている命題を**複合命題**という。

《説明》 たとえば，命題 p, q, r に対し

$$p \vee (\sim q), \quad (p \wedge q) \vee r, \quad \{\sim (p \wedge q)\} \vee r$$

などが複合命題である。$p, q, r, \cdots$ で構成されている複合命題を $P(p, q, r, \cdots)$ などで表し，構成命題 $p, q, r, \cdots$ の真偽により，$P(p, q, r, \cdots)$ の真偽は完全に決定される。

複合命題の真偽を表に表したものを**真理表**という。　　　　　　　　（説明終）

例題 9

次の複合命題について，真理表をつくってみよう。
(1) $p \vee (\sim q)$　　　(2) $\sim (p \wedge q)$

解 p, q について T，F のすべての組み合わせを調べる。複合命題が構成されている順に T，F を決定していく。

(1) はじめに $(\sim q)$ の T，F を決定し，その後に $p \vee (\sim q)$ の T，F を決定する。真理表は下左の通り。

(2) はじめに $(p \wedge q)$ の T，F を決定し，その後に $\sim (p \wedge q)$ の T，F を決定する。真理表は下右の通り。

p	q	$\sim q$	$p \vee (\sim q)$
T	T	F	T
T	F	T	T
F	T	F	F
F	F	T	T

p	q	$p \wedge q$	$\sim (p \wedge q)$
T	T	T	F
T	F	F	T
F	T	F	T
F	F	F	T

（解終）

練習問題 9　　　　　　　　　　　　　　　解答は p.184

次の複合命題について，真理表をつくりなさい。
(1) $(\sim p) \wedge q$　　　(2) $\sim (p \vee q)$　　　(3) $(\sim p) \wedge (\sim q)$

定義

命題が，それを構成している命題の真偽にかかわらず恒に真であるとき，**恒真命題** または **トートロジー** といい，恒に偽であるとき，**矛盾命題** または **コントラディクション** という。

《説明》 複合命題 $P(p, q, r, \cdots)$ が構成命題 $p, q, r, \cdots$ の T，F にかかわらず

　　　　恒に T のとき　恒真命題（tautology）
　　　　恒に F のとき　矛盾命題（contradiction）

という。次の例題と練習問題でみてみよう。　　　　　　　　　　　　（説明終）

例題 10

(1) $p \vee (\sim p)$ は恒真命題であることを確認しよう。
(2) $(p \wedge q) \wedge (\sim p)$ は矛盾命題であることを確認しよう。

解 ①，②，③，… の順で T，F を決定しながら真理表をつくると右のようになる。

(1) 最終結果②はすべて T なので恒真命題である。

(2) 最終結果③はすべて F なので矛盾命題である。

p	$p \vee (\sim p)$	
	②	①
T	T	F
F	T	T

p	q	$(p \wedge q) \wedge (\sim p)$		
		①	③	②
T	T	T	F	F
T	F	F	F	F
F	T	F	F	T
F	F	F	F	T

（解終）

練習問題 10　　　　　　　　　　　　　解答は p. 184

次の命題は恒真命題か，矛盾命題か，どちらでもないか調べなさい。

(1) $p \wedge (\sim p)$　　(2) $\sim\{p \wedge (\sim q)\}$　　(3) $\{\sim(p \vee q)\} \vee (p \vee q)$

3 論 理 式

> **定義**
> 命題変数 $p, q, r, \cdots$ を論理記号で結びつけた $P(p, q, r, \cdots)$ を **論理式** という。

《説明》 命題 $p, q, r, \cdots$ を T または F の値をとる変数と考えるのが命題変数の考え方である。$p, q, r, \cdots$ からつくられた複合命題 $P(p, q, r, \cdots)$ も, $p, q, r, \cdots$ のそれぞれの T や F の値により T か F が決定されるので, $p, q, r, \cdots$ の関数と考え, 論理式という。 (説明終)

> **定義**
> 2つの論理式 $P(p, q, r, \cdots)$ と $Q(p, q, r, \cdots)$ の真偽が一致するとき, **同値** であるといい, 次のように表す。
> $$P(p, q, r, \cdots) \equiv Q(p, q, r, \cdots)$$

《説明》 $p, q, r, \cdots$ の T, F のあらゆる場合に $P(p, q, r, \cdots)$ と $Q(p, q, r, \cdots)$ の T, F が一致すれば, それらは結果的に同じことを主張していることになる。このとき, 2つの命題は同値であるという。同値な命題は「≡」の代わりに「=」を使って表すこともある。 (説明終)

> **定理 1.5**
> 論理演算 ∨, ∧, ∼ について, 次の式が成立する。
> (1) [**ベキ等律**] $p \vee p \equiv p, \qquad p \wedge p \equiv p$
> (2) [**交 換 律**] $p \vee q \equiv q \vee p, \qquad p \wedge q \equiv q \wedge p$
> (3) [**結 合 律**] $(p \vee q) \vee r = p \vee (q \vee r),$
> $\qquad\qquad\qquad (p \wedge q) \wedge r \equiv p \wedge (q \wedge r)$
> (4) [**分 配 律**] $p \vee (q \wedge r) \equiv (p \vee q) \wedge (p \vee r),$
> $\qquad\qquad\qquad p \wedge (q \vee r) \equiv (p \wedge q) \vee (p \wedge r)$
> (5) [**ド・モルガンの法則**] $\sim (p \vee q) \equiv (\sim p) \wedge (\sim q),$
> $\qquad\qquad\qquad\qquad \sim (p \wedge q) \equiv (\sim p) \vee (\sim q)$

例題 11

定理 1.5 (4), (5) の第 1 式を示してみよう。

解 真理表をつくり，左辺と右辺の T と F が全く一致することにより証明する。

(4) p, q, r の T, F の組合せは全部で $2^3 = 8$ 通りある。真理表をつくると，下左のようになり，左辺の最終結果②と右辺の最終結果③′の T, F は全く同じなので，(4) の第 1 式が示された。

(5) 真理表は下右のとおりである。左辺の最終結果②と右辺の最終結果③′の T, F は全く同じなので，(5) の第 1 式が示された。

p	q	r	$p \vee (q \wedge r)$		$(p \vee q) \wedge (p \vee r)$		
			②	①	①′	③′	②′
T	T	T	T	T	T	T	T
T	T	F	T	F	T	T	T
T	F	T	T	F	T	T	T
T	F	F	T	F	T	T	T
F	T	T	T	T	T	T	T
F	T	F	F	F	T	F	F
F	F	T	F	F	F	F	T
F	F	F	F	F	F	F	F

p	q	$\sim(p \vee q)$		$(\sim p) \wedge (\sim q)$		
		②	①	①′	③′	②′
T	T	F	T	F	F	F
T	F	F	T	F	F	T
F	T	F	T	T	F	F
F	F	T	F	T	T	T

(解終)

練習問題 11　　　　　　　　　　　　　　　解答は p.185

定理 1.5 の (4), (5) の第 2 式を真理表をつくって示しなさい。

> **定義**
>
> 命題 p, q に対して，右の真理表で与えられる
> 命題 $p \to q$ を
> 　　　　条件命題，条件付き命題，含意
> などといい，
> 　　　　p を　条件
> 　　　　q を　結論
> という。

p	q	$p \to q$
T	T	T
T	F	F
F	T	T
F	F	T

《説明》　日本語では「$p \to q$」を「p ならば q」と読むが，その中身は我々が通常使っている意味とは少し異なるので注意しよう。つまり，通常使っているときは，2つの命題 p と q の間に何らかの関係がある。たとえば

p ＝石村は「数学」の試験で 60 点以上をとる

q ＝石村は「数学」に合格する

とすると p と q には「石村」という人間，「数学」という科目が共通に入っていて，さらに「試験」と「合格する」の間にも関係がある。このとき，

p ＝ T, q ＝ T ； p ＝ T, q ＝ F ； p ＝ F, q ＝ F

の場合は $p \to q$ の T，F は日本語として違和感はないが，

p ＝ F, q ＝ T　のとき　$p \to q$ は T

つまり

"石村は「数学」の試験で 60 点以上をとらない"

ならば

"石村は「数学」に合格する"

ということが真となり，日本語としては意味もおかしいし，他の場合の意味とも矛盾してしまう。

　ここでいう条件付き命題は，このような日常の言語とは異なるものと解釈しよう。p と q に何の共通なものがなくても上の真理表で定義されているとおりに $p \to q$ の T，F を決定する。条件 p が F の場合には，どんな命題でも $p \to q$ は T となるのである。

たとえば

p = 犬は植物である

q = 石村は「数学」に合格する

とすると $p =$ F なので $q =$ T でも $q =$ F でも

$p \to q$ は真

となる。　　　　　　　　　　　　　　（説明終）

定理 1.6

（1）　$[p \to q] \equiv [(\sim p) \lor q]$

（2）　$[\sim (p \to q)] \equiv [p \land (\sim q)]$

《説明》　この定理より，命題 $p \to q$ はいままでの $\lor$, $\land$, $\sim$ のみを使って表せることになる。　　　　　　　　　　（説明終）

=== 例題 12 ===

定理 1.6 (1) を示してみよう。

[解]　左辺と右辺の真理値が一致することを真理表で示す。

右の真理表より左辺の真理値①と右辺の真理値の結果②′が一致しているので

左辺 ≡ 右辺

が示される。　　　　　　　（解終）

p q	$p \to q$	$(\sim p) \lor q$
	①	①′　②′
T T	T	F　T
T F	F	F　F
F T	T	T　T
F F	T	T　T

=== 練習問題 12 ===　　　　　　解答は p. 185

上記定理 1.6 (2) を真理表をつくって示しなさい。

4 証　明

〈1〉論　法

定義

命題 $p \to q$ を基準にして

　　$p \to q$　　を **順**（命題），　　$q \to p$　　を **逆**（命題）

　$(\sim p) \to (\sim q)$ を **裏**（命題），　$(\sim q) \to (\sim p)$ を **対偶**（命題）

という。

《説明》　各命題の真理表をつくると下のようになる。真理値を比べると

$[p \to q] \equiv [(\sim q) \to (\sim p)]$

つまり，順命題と対偶命題は同値であることがわかる。また真理表より

$[q \to p] \equiv [(\sim p) \to (\sim q)]$

であるが，これは $q \to p$ の対偶命題が $(\sim p) \to (\sim q)$ であるためである。

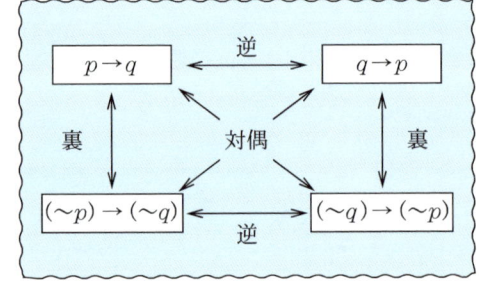

				順	逆	裏	対偶
p	q	$\sim p$	$\sim q$	$p \to q$	$q \to p$	$(\sim p) \to (\sim q)$	$(\sim q) \to (\sim p)$
T	T	F	F	T	T	T	T
T	F	F	T	F	T	T	F
F	T	T	F	T	F	F	T
F	F	T	T	T	T	T	T

(説明終)

これから複雑な論理式が出てくるので，わかりやすく表示するために（　）や［　］を使っていきま〜す。

例題 13

命題「風が吹けば桶屋がもうかる」について
　　　（1）逆　　（2）裏　　（3）対偶
を書きなさい。

解　$p =$ 風が吹く
　　$q =$ 桶屋がもうかる
とすると，命題は
$$p \to q$$
である。

(1) 逆は「$q \to p$」より
　　「桶屋がもうかれば風が吹く」

(2) 裏は「$(\sim p) \to (\sim q)$」なので
　　「風が吹かなければ，桶屋はもうからない」

(3) 対偶は「$(\sim q) \to (\sim p)$」より
　　「桶屋がもうからなければ風は吹かない」　　　　　　　　　　（解終）

練習問題 13　　　　解答は p.185

ことわざ「笑う門には福来る」を
　　命題「笑えば幸福である」とし，
　　（1）逆　　（2）裏　　（3）対偶
を書きなさい。

=== 定理 1.7 ===
次の命題は恒真命題である。
 （ⅰ）　　$[(p \to r) \land (r \to q)] \to [p \to q]$　　（三段論法）
 （ⅱ）　　$[(\sim q) \to (\sim p)] \to [p \to q]$　　（対偶法）
 （ⅲ）　　$[p \land (\sim q) = \mathrm{F}] \to [p \to q]$　　（背理法）

【証明】　下に示した真理表より恒真命題であることが確認される。　　（証明終）

《説明》　命題 $P(p, q, r, \cdots)$ が真のとき，命題 $Q(p, q, r, \cdots)$ が真であることが論理的に導けるとき，
$$P(p, q, r, \cdots) \Rightarrow Q(p, q, r, \cdots)$$
と書き，その論理的推論過程を証明という。

この定理の 3 つの恒真命題は証明に用いられる代表的な論法である。

なお，数学では → と ⇒ をほとんど区別せずに用いる場合も多い。　　　　（説明終）

$p\ q\ r$	$[(p \to r) \land (r \to q)] \to [p \to q]$				
	①	③	②	⑤	④
T T T	T	T	T	T	T
T T F	F	F	T	T	T
T F T	T	F	F	T	F
T F F	F	F	T	T	F
F T T	T	T	T	T	T
F T F	T	T	T	T	T
F F T	T	F	F	T	T
F F F	T	T	T	T	T

$p\ q$	$[(\sim q) \to (\sim p)] \to [p \to q]$				
	①	③	②	⑤	④
T T	F	T	F	T	T
T F	T	F	F	T	F
F T	F	T	T	T	T
F F	T	T	T	T	T

$p\ q$	$[p \land (\sim q) = \mathrm{F}] \to [p \to q]$				
	②	①	③	⑤	④
T T	F	F	T	T	T
T F	T	T	F	T	F
F T	F	F	T	T	T
F F	F	T	T	T	T

==== 例題 14 ====

次の命題 p, q について $p \Rightarrow q$ を（　）内の論法で証明してみよう。
(1) $p = n^2$ は 4 の倍数である，　$q = n$ は偶数である　（対偶法）
(2) $p = n^2$ は奇数である，　　　$q = n$ は奇数である　（背理法）

解　(1) 対偶法は「$p \Rightarrow q$」を，対偶の「$(\sim q) \Rightarrow (\sim p)$」を示すことにより証明する論法である。

$\sim q \Rightarrow n$ は偶数ではない $\Rightarrow n$ は奇数である
$\Rightarrow \exists k \in \mathbf{Z}, \ n = 2k+1$
$\Rightarrow \exists k \in \mathbf{Z}, \ n^2 = (2k+1)^2 = 4k^2 + 4k + 1$
$\Rightarrow \exists k \in \mathbf{Z}, \ n^2 = 4(k^2 + k) + 1$
$\Rightarrow n^2$ は 4 の倍数ではない
$\Rightarrow \sim p$

ゆえに「$p \Rightarrow q$」が証明された。

（推論過程にはどちらも「三段論法」が使われています。）

(2) 背理法は「$p \Rightarrow q$」を，結論の否定を用いて
　　　　　「$p \land (\sim q)$ は矛盾命題である」
を示すことにより証明する論法である。

$p \land (\sim q) \Rightarrow n^2$ は奇数であり かつ n は偶数である
$\Rightarrow \exists k_1 \in \mathbf{N}, \ n^2 = 2k_1 + 1$ かつ $\exists k_2 \in \mathbf{N}, \ n = 2k_2$
$\Rightarrow \exists k_1 \in \mathbf{N}, \ n^2 = 2k_1 + 1$
　　　　かつ $\exists k_2 \in \mathbf{N}, \ n^2 = 4k_2{}^2 = 2 \cdot 2k_2{}^2$
$\Rightarrow n^2$ は奇数かつ偶数である
$\Rightarrow$ 矛盾

ゆえに「$p \Rightarrow q$」が証明された。　　　　　　　　　　　　　　　（解終）

==== 練習問題 14 ====　　　　　　　　　　　　　解答は p.186

次の命題 p, q について，「$p \Rightarrow q$」を"対偶法"と"背理法"の 2 通りでそれぞれ証明しなさい。(ただし，m, n はいずれも正の整数とする。)
(1) $p = m + n$ は奇数，　$q = m^2 + n^2$ は奇数
(2) $p = mn$ は素数 l で割り切れる，　$q = m$ または n が素数 l で割り切れる

⟨2⟩ 必要条件，十分条件

定義

条件付き命題 $p \to q$ が真のとき，

$\qquad p$ は q の **十分条件**

$\qquad q$ は p の **必要条件**

という。さらに

$\qquad p \to q$，$q \to p$ がともに真のとき，

$\qquad\qquad p$ は q の **必要十分条件**

$\qquad$（q は p の必要十分条件）

といい，

$\qquad\qquad p$ と q は **同値** である

という。

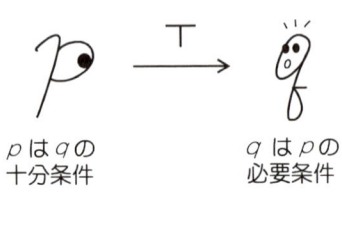

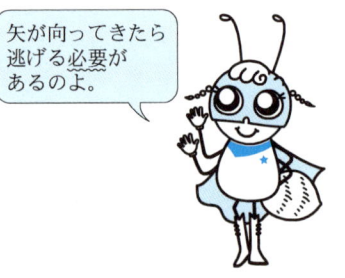

---

p は q の十分条件　　q は p の必要条件

矢が向ってきたら逃げる必要があるのよ。

《説明》 命題 $p \to q$ が T の場合のみ

$\qquad p$ は q の十分条件

$\qquad q$ は p の必要条件

と名前がつけられているので注意しよう。必要十分条件の場合も同じである。

$\qquad$ 数学では $p = \mathrm{F}$，$q = \mathrm{F}$ のときは意味がないので，「$p \Rightarrow q$」や「$q \Rightarrow p$」を示すことにより，何条件になっているかを判定する。　　　　　　（説明終）

> $p \Rightarrow q$
> とは
> $\qquad p = \mathrm{T} \to q = \mathrm{T}$
> が論理的に導けること

=== **例題 15** ===

次の命題 p は命題 q の何条件になっているか，「$p \Rightarrow q$」,「$q \Rightarrow p$」を調べてみよう。ただし，$x, y \in \boldsymbol{R}$，$n \in \boldsymbol{N}$ とする。

(1)　$p = [x = 2]$，　　　$q = [x^2 - 2x = 0]$

(2)　$p = [x^2 + y^2 = 0]$，　　　$q = [x = 0 \text{ and } y = 0]$

(3)　$p = n$ は 3 の倍数，　　　$q = n$ は 6 の倍数

解　「$p \Rightarrow q$」と「$q \Rightarrow p$」が T か F かを調べて，何条件か決定する。「$\not\Rightarrow$」は論理的に導けないことを意味するものとする。

（1） ● 「$p \Rightarrow q$」について

　　　$p \Rightarrow x = 2 \Rightarrow x^2 - 2x = 2^2 - 2 \cdot 2 = 0 \Rightarrow q$

　● 「$q \Rightarrow p$」について

　　　$q \Rightarrow x^2 - 2x = 0 \Rightarrow x(x-2) = 0 \Rightarrow x = 0 \text{ or } x = 2 \not\Rightarrow x = 2$

　　　$\therefore \left. \begin{array}{l} p \overset{T}{\Rightarrow} q \\ q \underset{F}{\Rightarrow} p \end{array} \right\}$ なので，$\begin{cases} p \text{ は } q \text{ の } \underline{十分条件} \\ (p \text{ は } q \text{ の必要条件ではない}) \end{cases}$

（2） ● 「$p \Rightarrow q$」について，対偶法「$(\sim q) \Rightarrow (\sim p)$」で調べる。

　　　$\sim q \overset{*}{\Rightarrow} x \neq 0 \text{ or } y \neq 0 \Rightarrow x^2 > 0 \text{ or } y^2 > 0$

　　　$\Rightarrow x^2 + y^2 > 0 \Rightarrow x^2 + y^2 \neq 0 \Rightarrow \sim p$

　　（＊ド・モルガンの法則より）

　● 「$q \Rightarrow p$」について

　　　$q \Rightarrow x = 0 \text{ and } y = 0 \Rightarrow x^2 = 0 \text{ and } y^2 = 0 \Rightarrow x^2 + y^2 = 0 \Rightarrow p$

　　　$\therefore p \overset{T}{\Leftrightarrow} q$ なので，p は q の 必要十分条件 である。

（3） ● 「$p \Rightarrow q$」について $n = 9$ とすると

　　　9 は 3 の倍数 $\not\Rightarrow$ 9 は 6 の倍数

　　　$n = 9$ が反例となることより，$p \underset{F}{\Rightarrow} q$

　● 「$q \Rightarrow p$」について

　　　$q \Rightarrow \exists k \in \mathbf{Z}, \ n = 6k = 3 \cdot 2k \Rightarrow \exists k' \in \mathbf{Z}, \ n = 3k' \Rightarrow p$

　　　$\therefore \left. \begin{array}{l} p \underset{F}{\Rightarrow} q \\ q \overset{T}{\Rightarrow} p \end{array} \right\}$ なので，$\begin{cases} p \text{ は } q \text{ の } \underline{必要条件} \\ (p \text{ は } q \text{ の十分条件ではない}) \end{cases}$ （解終）

ド・モルガンの法則
$\sim (p \land q) \equiv (\sim p) \lor (\sim q)$
p. 22

練習問題 15　　　　　　　　　　　　　解答は p. 187

次の命題 p は命題 q の何条件になっているかを調べなさい。ただし $x, y \in \mathbf{R}$ とする。

（1）　$p = [x^2 + y^2 = 0]$,　　$q = [x = 0 \text{ or } y = 0]$
（2）　$p = [xy = 0]$,　　　　$q = [x = 0 \text{ or } y = 0]$
（3）　$p = [x = 1]$,　　　　$q = [x^2 - x = 6]$
（4）　$p = [x > 0]$,　　　　$q = [x^2 - 2x + 1 = 0]$

〈3〉数学的帰納法

数学的帰納法は,すべての自然数 n について成立する性質の証明によく使われる。基本となるのは ペアノの公理 (p.34 参照) とよばれる自然数の定義であるが,その中の次の性質を定理としておく。なお,ペアノの公理では「1」が自然数の出発元(最小数)となっているので,通常「0」は自然数には入れない。

定理 1.8

自然数 $\boldsymbol{N}$ の部分集合 S が次の性質をみたすとき,$S = \boldsymbol{N}$ である。
 (ⅰ) $1 \in S$
 (ⅱ) $k \in S \Rightarrow k+1 \in S$

定理 1.9 [数学的帰納法]

$P(n)$ を自然数 n に関する命題とする。もし,次の (ⅰ), (ⅱ) が成立するなら,$\forall n \in \boldsymbol{N}$ に対して $P(n) = \mathrm{T}$ である。
 (ⅰ) $P(1) = \mathrm{T}$
 (ⅱ) $k \in \boldsymbol{N}$, $P(k) = \mathrm{T} \Rightarrow P(k+1) = \mathrm{T}$

《説明》 定理 1.8 より導かれる。
(ⅰ) において,$k=1$ の場合に,$P(1)$ が T であることを示す。
(ⅱ) においては,$k \geqq 1$ に対して $P(k) = \mathrm{T}$ を仮定して
$$P(k) = \mathrm{T} \Rightarrow P(k+1) = \mathrm{T}$$
を導く。
(ⅰ), (ⅱ) が示されれば
$$\begin{aligned}
P(1) = \mathrm{T} &\Rightarrow P(1+1) = P(2) = \mathrm{T} \\
&\Rightarrow P(2+1) = P(3) = \mathrm{T} \Rightarrow \cdots \\
&\Rightarrow P(k) = \mathrm{T} \Rightarrow P(k+1) = \mathrm{T} \Rightarrow \cdots
\end{aligned}$$
となり,$\forall n \in \boldsymbol{N}$ に対して $P(n) = \mathrm{T}$ が示される。
(説明終)

> $P(k) = \mathrm{T}$ を帰納法の仮定といいます。

例題 16

次の命題を，数学的帰納法により証明してみよう。
$$\forall n \in \mathbf{N}, \quad 1+2+\cdots+n = \frac{1}{2}n(n+1)$$

解 $P(n) = \left[1+2+\cdots+n = \frac{1}{2}n(n+1)\right]$
とし，数学的帰納法の（ⅰ），（ⅱ）の順に
示していく。

> **数学的帰納法**
> （ⅰ） $P(1) = \mathrm{T}$
> （ⅱ） $P(k) = \mathrm{T} \Rightarrow P(k+1) = \mathrm{T}$

（ⅰ） $n=1$ のとき，$P(1)$ について

　　左辺 $= 1$，右辺 $= \frac{1}{2} \cdot 1 \cdot (1+1) = 1$

左辺 $=$ 右辺なので $P(1) = \mathrm{T}$ である。

（ⅱ） $n=k$ のとき，$P(k) = \mathrm{T}$ と仮定する（帰納法の仮定）。つまり，
$$1+2+\cdots+k = \frac{1}{2}k(k+1) \quad \cdots ☆$$
が成立していると仮定する。

　$n=k+1$ のとき
$$P(k+1) = \left[1+2+\cdots+(k+1) = \frac{1}{2}(k+1)(k+2)\right]$$
が T であるかどうか，帰納法の仮定☆を使って示す。
$$左辺 = (1+2+\cdots+k) + (k+1)$$
第 1 項に☆を使うと
$$= \frac{1}{2}k(k+1) + (k+1) = \left(\frac{1}{2}k+1\right)(k+1) = \frac{1}{2}(k+2)(k+1)$$
$$= \frac{1}{2}(k+1)(k+2) = 右辺$$

これより $P(k+1) = \mathrm{T}$ が示されたので，$\forall n \in \mathbf{N}$ に対して $P(n) = \mathrm{T}$ である。
(証明終)

練習問題 16　　　　　　　　　　　　　　　　　　　　　　解答は p.188

次の命題を，数学的帰納法で証明しなさい。
$$\forall n \in \mathbf{N}, \quad 1^2 + 2^2 + \cdots + n^2 = \frac{1}{6}n(n+1)(2n+1)$$

ペアノの公理

有史以前より，1，2，3，…と"数える"ことから始まった数学の概念は，文明の利益のために発達してきた側面と，実用的関心を遥かに超えた純粋な知的好奇心から発達してきた側面をもっています。両方の側面が，思わぬ時点でお互いに関連しあいながら，数学を発展させてきました。

18世紀の終わりから続いた数学上の概念の厳密化の波は，数の基本である自然数にも及んできました。自然数から整数，整数から有理数，有理数から実数を構成していくわけですから，おおもとの自然数を，直感ではなく，きちんと定義をする必要にせまられました。自然数の特徴づけはデデキント（1831〜1916），フレーゲ（1848〜1925），ペアノ（1858〜1932）らにより研究され，現在では，「ペアノの公理」と呼ばれる次の公理が自然数の定義となっています。また，この定義の中の (5) が「数学的帰納法」の根拠となっているのです。

[ペアノの公理]
（1） N は出発元 1 を含んでいる。
（2） N の任意の元 x に対し，次の元と呼ばれる $\varphi(x)$ がただ 1 つ N に存在する。
（3） 1 はどの元の次の元にもならない。
（4） 次の元が同じなら，もとの元も同じである。
（5） N の部分集合 N' について，
　　（i） $1 \in N'$
　　（ii） $x \in N' \to \varphi(x) \in N'$
　　が成り立つなら，$N = N'$ である。

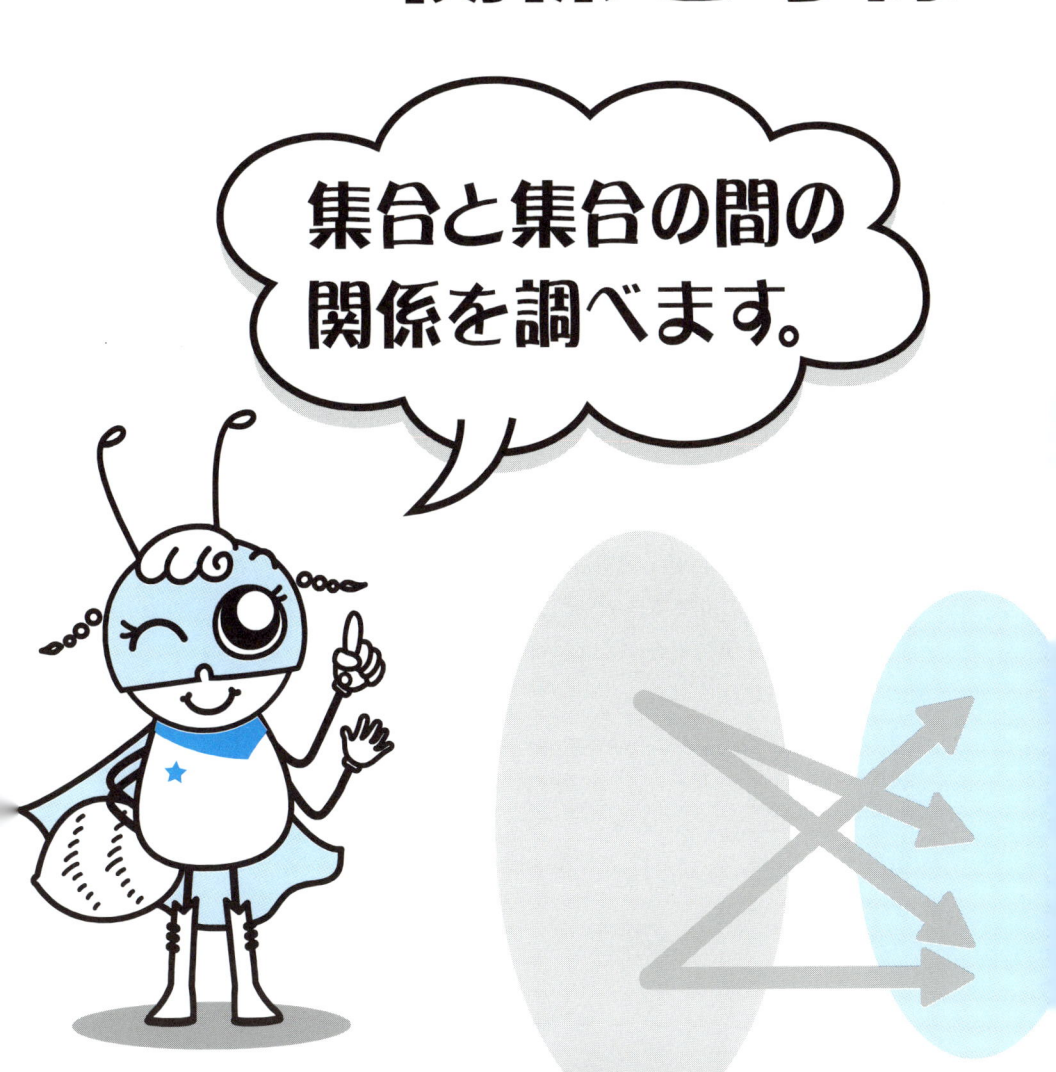

第2章
関係と写像

集合と集合の間の関係を調べます。

§1 関　　係

1 直積集合

"関係"の考え方を導入する前に，直積集合について理解しよう。

> **定義**
> 2つの集合 A, B に対して
> $$A \times B = \{(a, b) \mid a \in A, b \in B\}$$
> を，A と B の**直積集合**，または単に**直積**という。

《説明》 A と B の直積集合 $A \times B$ とは，A の要素 a と B の要素 b の組 (a, b) を全部集めた集合のこと。組 (a, b) は**順序対**と呼ばれ，並んでいる順番に意味がある組である。

順序対 (a, b) において

$$a \text{ を第1成分,} \quad b \text{ を第2成分}$$

という。

A, B が有限集合であれば

$(A \times B)$ の要素の個数 $=(A$ の要素の個数$) \times (B$ の要素の個数$)$

が成立する。

自分自身との直積集合 $A \times A$ は A^2 とも書く。つまり

$$A^2 = A \times A = \{(a, b) \mid a, b \in A\}$$

xy 平面は実数 $\boldsymbol{R}$ の直積集合 $\boldsymbol{R}^2$ にほかならない。

同様にして，n 個の集合 $A_1, A_2, \cdots, A_n$ の直積集合も次のように定義される。

$$A_1 \times A_2 \times \cdots \times A_n = \{(a_1, a_2, \cdots, a_n) \mid a_i \in A_i \ (i=1, 2, \cdots, n)\}$$

$$A^n = \underbrace{A \times A \times \cdots \times A}_{n \text{ コ}} = \{(a_1, a_2, \cdots, a_n) \mid a_i \in A\}$$

$A_1 \times A_2 \times \cdots \times A_n$ は $\displaystyle\prod_{i=1}^{n} A_i$ とも書く。

（$\prod$ は π の大文字よ。）

（説明終）

===== 例題 17 =====

$A = \{a_1, a_2, a_3\}$, $B = \{b_1, b_2\}$ とするとき,次の直積集合を求めてみよう.
 (1) $A \times B$ (2) $B \times A$ (3) B^2 (4) B^3

解 はじめに,求めたい直積集合の要素の個数を確認しておこう.
(1) $n(A \times B) = n(A) \times n(B) = 3 \times 2 = 6$
なので,$A \times B$ の要素は6個ある.すべての順序対をつくると
 $A \times B = \{(a_1, b_1), (a_1, b_2), (a_2, b_1), (a_2, b_2), (a_3, b_1), (a_3, b_2)\}$
(2) $n(B \times A) = n(B) \times n(A) = 2 \times 3 = 6$
第1成分は B の要素,第2成分は A の要素であることに注意して6個の順序対をつくると
 $B \times A = \{(b_1, a_1), (b_1, a_2), (b_1, a_3), (b_2, a_1), (b_2, a_2), (b_2, a_3)\}$
(3) $n(B^2) = n(B \times B) = n(B) \times n(B) = 2 \times 2 = 4$
より,B^2 の要素は4つある.
 $B^2 = \{(b_1, b_1), (b_1, b_2), (b_2, b_1), (b_2, b_2)\}$
(4) $n(B^3) = n(B)^3 = 2^3 = 8$
より,B の元を3つ並べて8個の順序対をつくる.
 $B^3 = \{(b_1, b_1, b_1), (b_1, b_1, b_2), (b_1, b_2, b_1), (b_1, b_2, b_2),$
    $(b_2, b_1, b_1), (b_2, b_1, b_2), (b_2, b_2, b_1), (b_2, b_2, b_2)\}$

(解終)

$A \times B \neq B \times A$ ね!
要素は,どんな順に並べても O.K. よ.

$n(A) = A$ の要素の個数

練習問題 17 解答は p.188

$A = \{1, 2\}$, $X = \{x, y, z\}$ とするとき,次の直積集合を求めなさい.
 (1) $A \times X$ (2) $X \times A$ (3) A^2 (4) A^3

2 関　係

直積集合を使い，次のように"関係"を定義する。

定義

2つの集合 A, B の直積集合 $A \times B$ の部分集合 R を A から B への関係という。

《説明》　通常使っている"関係"という言葉の概念からみると，この定義にびっくりするかもしれない。しかし，実は同じなのである。たとえば
$$A = \{a_1, a_2, a_3\}, \quad B = \{b_1, b_2\}$$
とすると，例題 17 で求めたように
$$A \times B = \{(a_1, b_1), (a_1, b_2), (a_2, b_1), (a_2, b_2), (a_3, b_1), (a_3, b_2)\}$$
である。この直積集合より 3 つの要素を取り出した部分集合
$$R = \{(a_1, b_1), (a_2, b_1), (a_2, b_2)\}$$
を考えてみよう。どうしてこれが A から B への"関係"といえるのか。それは部分集合 R に属している各順序対に秘密がある。つまり順序対 (a_1, b_1) は

A の要素 a_1 は B の要素 b_1 と関係がある

ことを意味しているのである。A のどの元が B のどの元と関係があるのか，その全体を表しているのが部分集合 R である。異なる部分集合は異なる関係を示すことになるので，上の例は正確には

A の要素 a_1 は B の要素 b_1 と R の関係がある

ということである。また，

$R \ni (a, b)$ のとき　aRb

$R \not\ni (a, b)$ のとき　$a\cancel{R}b$

とかく。

　関係を右図のように表すとわかりやすい。
特に A^2 の部分集合を A 上の関係という。

（説明終）

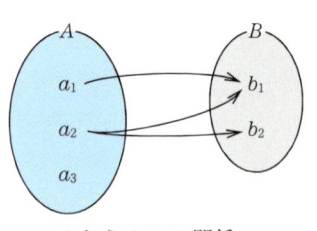

A から B への関係 R

===== 例題 18 =====

（1） $A = \{a, b, c\}$, $B = \{1, 2, 3, 4\}$ のとき，次の A から B への関係 R を図示してみよう．
$$R = \{(a, 1), (a, 3), (b, 4)\}$$

（2） $A = \{1, 2, 3, 6\}$ のとき，次の A 上の関係 S を図示してみよう．
$$S = \{(1, 1), (1, 2), (1, 3), (1, 6), (2, 2), (2, 6), (3, 3), (3, 6), (6, 6)\}$$

解　（1） A と B の集合の要素をかき，R の関係がある要素を矢印で結ぶと右図のようになる．

（2） 同様にして関係 S を図示すると右下図のようになる．S は

　　第 1 成分は第 2 成分の約数である

という関係である．　　　　　　　　　　（解終）

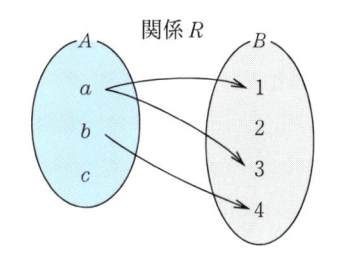

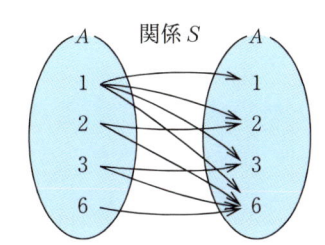

===== 練習問題 18 =====　　　　　　　解答は p. 188

（1） $X = \{w, x, y, z\}$, $Y = \{\bigcirc, \times, \triangle\}$ のとき，次の X から Y への関係 R を図示しなさい．
$$R = \{(w, \times), (w, \triangle), (y, \bigcirc), (y, \triangle)\}$$

（2） $A = \{1, 2, 3, 4, 5, 6\}$ のとき，次の A から A への関係 S を図示しなさい．
$$S = \{(1, 2), (2, 4), (3, 6)\}$$

> **定義**
>
> 3つの集合 A, B, C について，R を A から B への関係，S を B から C への関係とする。$(a, b) \in R$ に対して $(b, c) \in S$ のとき，$A \times C$ の部分集合
> $$\{(a, c) \mid (a, b) \in R \quad \text{かつ} \quad (b, c) \in S\}$$
> を関係 R と S の**合成**といい，$R \circ S$ と書く。

《説明》 関係の合成とは，集合間の要素を続けて関係づけていくことである。たとえば
$$A = \{a_1, a_2\}, \quad B = \{b_1, b_2, b_3\}, \quad C = \{c_1, c_2, c_3\}$$
について，関係
$$R = \{(a_1, b_1), (a_2, b_3)\}, \quad S = \{(b_1, c_3), (b_2, c_3), (b_3, c_2), (b_3, c_3)\}$$
の合成を考えてみよう。

右図の矢印をたどって関係を合成し，$R \circ S$ の順序対をつくると
$$R \circ S = \{(a_1, c_3), (a_2, c_2), (a_2, c_3)\}$$
となる。ここで注意しなければいけないのは，A の要素からの矢印が B の元へ当たっているとき，その要素からさらに C の要素へ矢印が向かっていないと合成はつくれないので，$R \circ S$ は定義されない。たとえば $B \times C$ の部分集合である B から C への関係 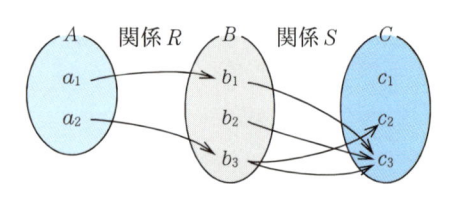
$$S' = \{(b_2, c_3), (b_3, c_2), (b_3, c_3)\}$$
について R と S' との合成を考えると，a_1 の R による関係先 b_1 は S' によって C の要素と関係づけられていない（右図参照）。したがって，R と S' との合成は定義されない。

(説明終)

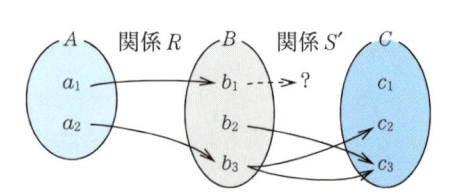

例題 19

$$A = \{a, b, c\}, \quad B = \{1, 2, 3\}, \quad C = \{\theta, \varphi\}$$

とする。A から B と，B から C への次の関係

$$R = \{(a, 1), (a, 2), (c, 2)\}$$
$$S_1 = \{(1, \theta), (1, \varphi), (2, \theta), (3, \theta)\}$$
$$S_2 = \{(2, \theta), (2, \varphi), (3, \varphi)\}$$

について，合成 $R \circ S_1$，$R \circ S_2$ が定義されれば求めよ。

[解] はじめに R と S_1，R と S_2 を図示し，矢印が続いていくかどうか調べよう。右図より，$R \circ S_1$ は定義され，矢印をたどって $R \circ S_1$ の順序対を書き出すと

$$R \circ S_1 = \{(a, \theta), (a, \varphi), (c, \theta)\}$$

次に $R \circ S_2$ について，a の R による関係先 1 は S_2 では C の元に関係がついていないので，$R \circ S_2$ は 定義されない 。　　　　　（解終）

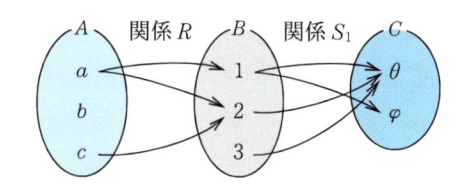

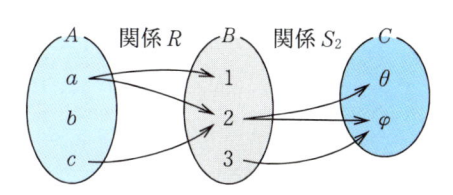

練習問題 19　　　　　　　　　　解答は p. 189

$$X = \{1, 2\}, \quad Y = \{\mathcal{F}, \mathcal{I}, \mathcal{\dot{\mathcal{}}}, \mathcal{エ}\}, \quad Z = \{x, y, z\}$$

とする。X から Y と，Y から Z への次の関係

$$R_1 = \{(1, イ), (1, ウ), (2, ア), (2, イ)\}$$
$$R_2 = \{(1, ア), (1, ウ), (1, エ)\}$$
$$S = \{(ア, z), (ウ, x), (エ, y)\}$$

について，合成 $R_1 \circ S$，$R_2 \circ S$ が定義されれば求めよ。

定義

R を A から B への関係とする。このとき
$$R^{-1} = \{(b, a) \mid (a, b) \in R\}$$
を R の逆関係という。

R^{-1} は R インヴァースとよむのよ。

《説明》 関係 R が $A \times B$ の部分集合であるのに対し，逆関係 R^{-1} は $B \times A$ の部分集合である。関係 R の要素間の矢印を逆に考えたのが関係 R^{-1} である。　　(説明終)

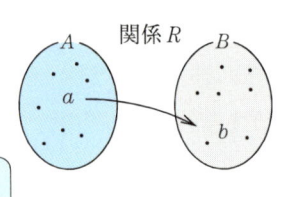

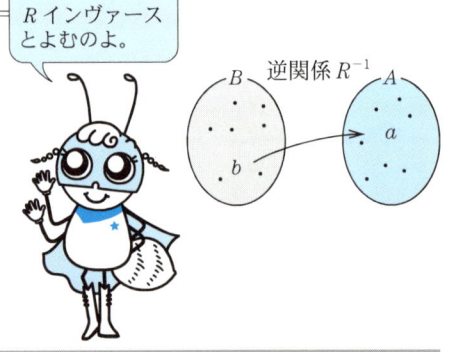

例題 20

例題 18 (p. 39) で図示した関係の逆関係 R^{-1}，S^{-1} を求めてみよう。

(1) $A = \{a, b, c\}$，$B = \{1, 2, 3, 4\}$，
$A \times B \supset R = \{(a, 1), (a, 3), (b, 4)\}$

(2) $A = \{1, 2, 3, 6\}$
$A^2 \supset S = \{(1, 1), (1, 2), (1, 3), (1, 6), (2, 2), (2, 6), (3, 3), (3, 6), (6, 6)\}$

[解] 関係の第 1 成分と第 2 成分を逆にすればよい。

(1) $R^{-1} = \{(1, a), (3, a), (4, b)\} \subset B \times A$

(2) $S^{-1} = \{(1, 1), (2, 1), (3, 1), (6, 1), (2, 2), (6, 2), (3, 3), (6, 3), (6, 6)\}$

$A^2 \supset S^{-1}$ であり，S^{-1} は第 1 成分は第 2 成分の倍数という関係である。

(解終)

練習問題 20　　　　　　　　　　　　　　　　　解答は p. 189

練習問題 18 (p. 39) で図示した関係の逆関係 R^{-1}，S^{-1} を求めなさい。

(1) $X = \{w, x, y, z\}$，$Y = \{\bigcirc, \times, \triangle\}$，
$X \times Y \supset R = \{(w, \times), (w, \triangle), (y, \bigcirc), (y, \triangle)\}$

(2) $A = \{1, 2, 3, 4, 5, 6\}$，$A^2 \supset S = \{(1, 2), (2, 4), (3, 6)\}$

3 関係の表現

関係を表す方法を 3 つ紹介しよう。

〈1〉関係グラフ

いままでも時々使ってきたが，右図のように集合間で関係のある要素を矢印で結んだグラフを **関係グラフ** という。対応の様子が視覚的によくわかるが，要素の数が多いとかえって見づらくなる。

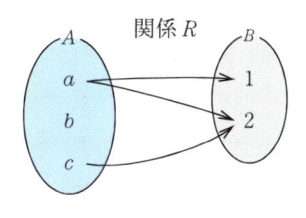

〈2〉有向グラフ

集合内の要素の関係を表現するときに使われる。右図のように要素を○で囲み，

$$aRb \text{ のとき } ⓐ \longrightarrow ⓑ$$

と矢印で結んだグラフを **有向グラフ** をいう。とくに aRa のときの矢印を **ループ** という。

〈3〉関係行列

$A = \{a_1, \cdots, a_m\}$, $B = \{b_1, b_2, \cdots, b_n\}$

について，$R \subseteqq A \times B$ のとき，(i, j) 成分が

$$r_{ij} = \begin{cases} 1 & (a_i, b_j) \in R \\ 0 & (a_i, b_j) \notin R \end{cases}$$

で定義された m 行 n 列の行列

$$M_R = \begin{pmatrix} r_{11} & \cdots & r_{1n} \\ \vdots & & \vdots \\ r_{m1} & \cdots & r_{mn} \end{pmatrix}$$

を R の **関係行列** という。

関係行列は関係を行列に関する式として表現できるので便利である。

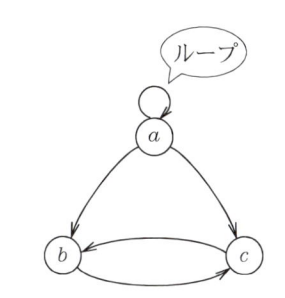

例題 21

$A = \{a_1, a_2, a_3\}$, $B = \{b_1, b_2, b_3, b_4\}$ について
$$R = \{(a_1, b_2), (a_2, b_1), (a_3, b_1)\} \subset A \times B$$
$$S = \{(a_1, a_1), (a_1, a_3), (a_2, a_1), (a_3, a_2)\} \subset A \times A$$

とするとき，

（1） R の関係グラフを描き，関係行列 M_R を求めてみよう。

（2） S の有向グラフを描き，関係行列 M_S を求めてみよう。

（3） R^{-1} を求め，R^{-1} の関係グラフを描き，関係行列 $M_{R^{-1}}$ を求めてみよう。

（4） S^{-1} を求め，S^{-1} の有向グラフを描き，関係行列 $M_{S^{-1}}$ を求めてみよう。

《説明》（1） R の関係にある A と B の要素を矢印でつなげばよい。右図のようになる。

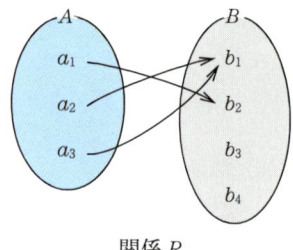

関係行列は次のように

A の要素を左側縦に

B の要素を上側に

並べ，関係のあるなし，により 1 か 0 を入れると次のようになる。

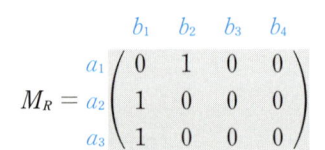

$$M_R = \begin{array}{c} \\ a_1 \\ a_2 \\ a_3 \end{array} \begin{array}{cccc} b_1 & b_2 & b_3 & b_4 \\ \left(\begin{array}{cccc} 0 & 1 & 0 & 0 \\ 1 & 0 & 0 & 0 \\ 1 & 0 & 0 & 0 \end{array}\right) \end{array}$$

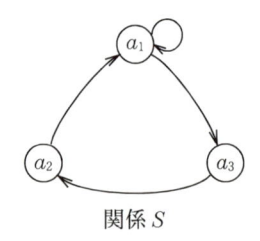

関係 R

（2） A の元に○をつけて描き，S の関係があるとき，それを矢印で結ぶと右図のようになる。

関係行列は，A の要素を左と上に書いておくと求めやすい。次のようになる。

$$M_S = \begin{array}{c} \\ a_1 \\ a_2 \\ a_3 \end{array} \begin{array}{ccc} a_1 & a_2 & a_3 \\ \left(\begin{array}{ccc} 1 & 0 & 1 \\ 1 & 0 & 0 \\ 0 & 1 & 0 \end{array}\right) \end{array}$$

関係 S

（3） R^{-1} は R の逆関係であった。つまり R の各成分を入れ換えればよい。

$R^{-1} = \{(b_2, a_1), (b_1, a_2), (b_1, a_3)\} \subset B \times A$

関係グラフは右図のようになる。$M_{R^{-1}}$ は

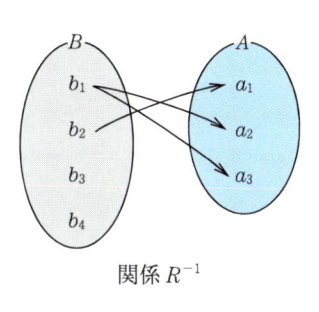

$$M_{R^{-1}} = \begin{array}{c} \\ b_1 \\ b_2 \\ b_3 \\ b_4 \end{array} \begin{pmatrix} a_1 & a_2 & a_3 \\ 0 & 1 & 1 \\ 1 & 0 & 0 \\ 0 & 0 & 0 \\ 0 & 0 & 0 \end{pmatrix}$$

関係 R^{-1}

となり，関係行列 M_R の行と列を入れ換えた行列，つまり，M_R の転置行列となっている。

（4） 同様にして S^{-1}，S^{-1} の有向グラフ，関係行列 M_S の転置行列 $M_{S^{-1}}$ は次のようになる。

$$S^{-1} = \{(a_1, a_1), (a_3, a_1), (a_1, a_2), (a_2, a_3)\} \subset A \times A$$

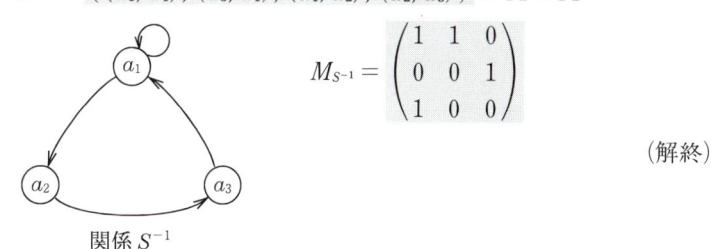

$$M_{S^{-1}} = \begin{pmatrix} 1 & 1 & 0 \\ 0 & 0 & 1 \\ 1 & 0 & 0 \end{pmatrix}$$

関係 S^{-1}

（解終）

練習問題 21　　　　　　　　　　　　　　　解答は p.189

1. $A = \{a_1, a_2\}$, $B = \{b_1, b_2, b_3\}$,
   $R = \{(a_1, b_2), (a_1, b_3), (a_2, b_1), (a_2, b_3)\} \subset A \times B$
   とするとき，
   （1） R の関係グラフ，関係行列を求めなさい。
   （2） R^{-1} を求め，R^{-1} の関係グラフ，関係行列を求めなさい。

2. $A = \{1, 2, 3, 4\}$, $S = \{(a, b) \mid a\text{ は }b\text{ の約数}\} \subset A \times A$
   とするとき，S の要素を求め，S の有向グラフ，関係行列を求めなさい。

4 同値関係

集合 A 上の関係 R の特別な性質には次のように名前がつけられている。

定義

A 上の関係 R について
(1) $\forall x \in A$ に対して xRx が成立するとき, **反射律** が成立するという。
(2) $x, y \in A,\ xRy \Rightarrow yRx$ が成立するとき, **対称律** が成立するという。
(3) $x, y, z \in A,\ xRy$ and $yRz \Rightarrow xRz$ が成立するとき, **推移律** が成立するという。
(4) $x, y \in A,\ xRy$ and $yRx \Rightarrow x = y$ が成立するとき, **反対称律** が成立するという。

《説明》 $A = \{a, b, c\}$ として, 有向グラフを使いながら説明していこう。

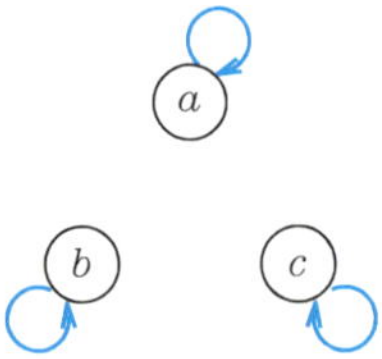

[**反射律**] この性質はなかなかわかりづらい。

A のすべての要素 x について, 必ず $(x, x) \in R$ となっていれば, R は反射律をみたす, または, 反射律が成立するという。つまり, 有向グラフにおいて, すべての要素にループがついている場合である。

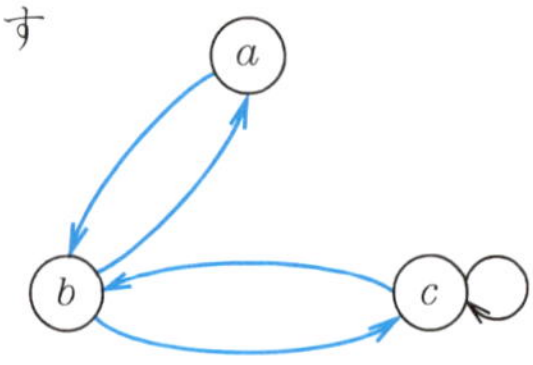

[**対称律**] "…ならば ($\Rightarrow$)" という仮定があるので注意。

もし $(x, y) \in R$ ならば, 必ず $(y, x) \in R$ となっていれば, R は対称律をみたす, または, 対称律が成立するという。$(x, y) \notin R$ の場合は考えなくてよい。有向グラフでは, ループ以外の矢印がついている要素どうしは必ず両向きの矢印がついている場合である。

「反射律」, 「対称律」, 「推移律」, 「反対称律」の名前も覚えてね。

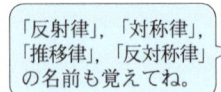

§1 関 係　**47**

[**推移律**]　これも仮定 "…ならば (⇒)" があるので注意。

$$\text{もし } (x, y) \in R \text{ かつ } (y, z) \in R \text{ ならば，必ず } (x, z) \in R$$

となっていれば R は推移律をみたす，または，推移律が成立するという。仮定が成り立っていない場合，つまり

$$(x, y) \notin R \text{ または } (y, z) \notin R$$

の場合は考えなくてよい。有向グラフでは，矢印を2回たどって到達できる要素どうしは必ず直接矢印がついている場合である。

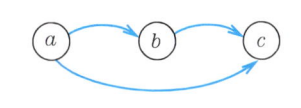

[**反対称律**]　この性質も少しわかりづらい。

$$\text{もし } (x, y) \in R \text{ かつ } (y, x) \in R \text{ ならば，必ず } x = y$$

となっている場合に，R は反対称律をみたす，または，反対称律が成立するという。つまり，

$$x \neq y \text{ で } (x, y) \in R \text{ かつ } (y, x) \in R \text{ の場合は存在しない}$$

ということである。有向グラフでは，ループ以外の矢印は必ず片方の方向しかないということ。

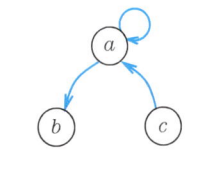

対称律と反対称律は排反ではない。たとえば下の有向グラフで示された $A = \{a, b, c\}$ 上の関係 R_1, R_2, R_3, R_4 をみると，いろいろな場合があることがわかる。

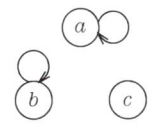

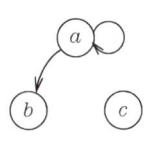

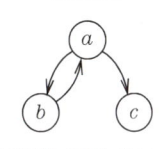

関係 R_1　　　　関係 R_2　　　　関係 R_3　　　　関係 R_4

対称律成立　　　対称律成立　　　対称律成立しない　　対称律成立しない
反対称律成立　　反対称律成立しない　反対称律成立　　　反対称律成立しない

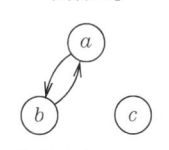

(説明終)

「対称律」と「反対称律」の両方とも成立する関係もあるのね。

例題 22

$A = \{a, b, c\}$ とする。右の有向グラフで示された A 上の関係 R について，
（1） 反射律　（2） 対称律
（3） 推移律　（4） 反対称律
が成立しているかどうかを調べてみよう。

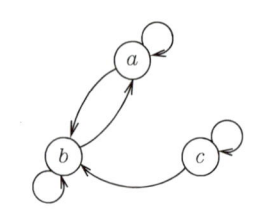

解　それぞれを有向グラフで言い直して調べてみよう。

（1） ［反射律］すべての要素にループがついているか？

すべての要素にループがついているので，成立している（1番上の図）。

（2） ［対称律］異なった要素どうしの矢印があるときは，両方ついているか？

ⓑとⓒには片方の向きしかないので，成立しない（上から2番目の図）。

（3） ［推移律］矢印を2回たどって到達できる要素どうしには，直接矢印がついているか？

ⓒ→ⓑ→ⓐだがⓒからⓐへは直接矢印はついていないので，成立しない（上から3番目の図）。

（4） ［反対称律］異なった要素どうしに矢印がついているときは，片方向しかついていないか？

ⓐとⓑには両方の矢印がついているので，成立しない（右下図）。　　　　　　（解終）

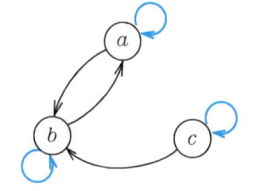

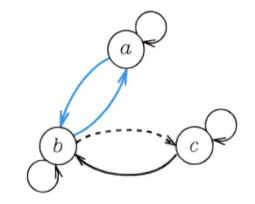

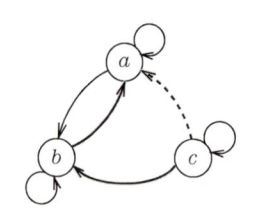

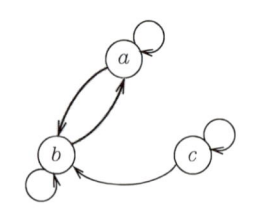

練習問題 22　　　　　　　　　　解答は p.190

$X = \{1, 2, 3\}$, $R = \{(1,1), (1,2), (1,3), (2,1), (3,1), (3,3)\}$

について，反射律，対称律，推移律，反対称律が成立しているかどうかを調べなさい。

> **定義**
> 集合 A 上の関係 R が
> 　　［反射律］，［対称律］，［推移律］
> をみたしているとき，A 上の **同値関係** という。また，このとき，A の部分集合
> $$C_a = \{x \mid xRa, x \in A\}$$
> を a の R による **同値類** という。

a と同値関係にある元を集めたのが C_a よ。

《説明》　A 上の関係がこの 3 つの性質を同時にもつとき，集合上にある特別な現象が浮び上がる。この現象を順にみていこう。

a の同値類 C_a とは，a と同値関係にある元を全部集めてひとくくりにしたものである。1 つの集合には a の同値類 C_a，b の同値類 C_b，… と，いくつかの同値類ができるが，これらは次の性質をもっている。　　　（説明終）

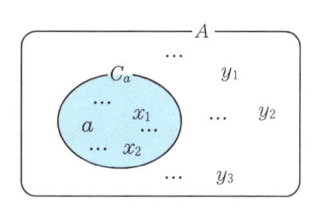

> **定理 2.1**
> R が A 上の同値関係であるとき，次の性質が成り立つ。
> 　(1)　$a \in C_a$　　　　　(2)　$x, y \in C_a \Rightarrow xRy$
> 　(3)　$aRb \Rightarrow C_a = C_b$　　(4)　$a\cancel{R}b \Rightarrow C_a \cap C_b = \phi$

《説明》　R が A 上の同値関係であることより，「反射律」「対称律」「推移律」の 3 つの性質を用いてこれらを示すことができる。特に (3), (4) より，集合 A を R による同値類に完全に分けることができる。　　　　　　　（説明終）

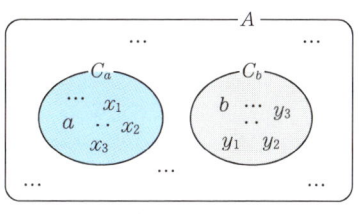

aRb のとき

定理 2.2

A に同値関係 R が定義されているとき，R による同値類を用いて
$$A = C_{a_1} \cup C_{a_2} \cup \cdots \cup C_{a_n}, \quad C_{a_i} \cap C_{a_j} = \phi \quad (i \neq j)$$
と表せる。

《説明》 一般に，同値類の数は有限とは限らないが，わかりやすくするために，n 個で示してある。

集合 A を同値関係 R で上のように分けることを A の R による**類別**といい，
$$A/R = \{C_{a_1}, C_{a_2}, \cdots, C_{a_n}\}$$
などと表す。

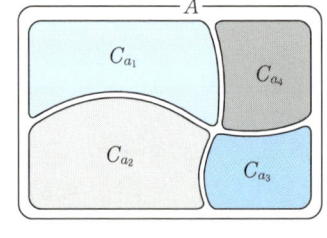

$A/R = \{C_{a_1}, C_{a_2}, C_{a_3}, C_{a_4}\}$

各類 C_{a_i} における a_i をその類の**代表元**という。定理 2.1 の (3) より代表元はその類に属している要素であればどれでもよい。

A の R による類別は右上図のイメージであるが，有向グラフを用いて同値関係を表すと，右図のように類のみでひとかたまりになり，すべての要素はループをもち，1 つの類の中ではどの 2 つの要素もお互いに⟲となっている。

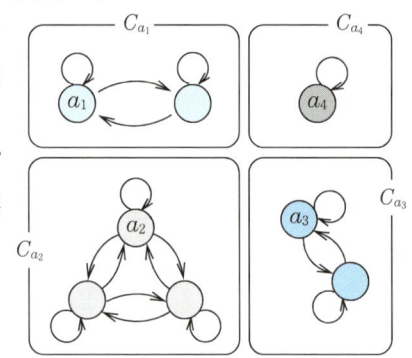

同値関係

［反射律］ どの要素もループをもっている。

［対称律］ 異なった要素どうしの矢印が存在するときは，必ず両方向存在する。

［推移律］ 矢印を 2 回たどって到達できる要素は直接矢印で結ばれている。

――― 有向グラフ ―――

同じ類の内の要素どうしは必ず両方の矢印がついているのよ。

例題 23

$A = \{a, b, c, d, e, f\}$ とし，A 上の関係
$R = \{(a, a), (a, d), (a, e), (b, b), (c, c), (c, f), (d, d), (d, a), (d, e),$
$(e, e), (e, a), (e, d), (f, f), (f, c)\}$

について，

(1) 有向グラフを用いて R を表し，同値関係かどうかを調べてみよう。

(2) R が同値関係のとき，A の R による同値類を求め，類別してみよう。

解 (1) 関係 R を有向グラフを用いて表すと右図のようになる。各要素の位置を描き直すと右下図となり，3 つのグループに分かれている。さらに，すべての要素にはループがついていて，同じグループの要素どうしはすべて両方の矢がついているので，R は 同値関係である。

(2) 右下の図をみながら同値類に分ける。代表元はその類に属すればどの要素でもよい。

$C_a = \{a, d, e\}, \quad C_b = \{b\},$
$C_c = \{c, f\}$
$A/R = \{C_a, C_b, C_c\}$

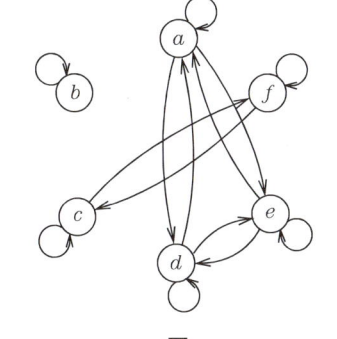

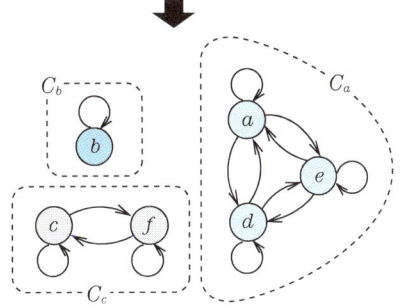

(解終)

練習問題 23　　　　　　　　　　　　　　　　解答は p. 190

$X = \{s, t, u, v, w, x, y, z\}$ とし，X 上の関係
$R = \{(s, s), (s, w), (s, x), (t, t), (t, v), (u, u), (u, y), (v, v), (v, t),$
$(w, w), (w, s), (w, x), (x, x), (x, s), (x, w), (y, y), (y, u), (z, z)\}$

について，

(1) R を有向グラフで表現し，同値関係であることを確認しなさい。

(2) X の R による同値類を求め，X を類別しなさい。

例題 24

$A = \{n \mid -2 \leqq n \leqq 5,\ n \in \mathbb{Z}\}$ において，関係 R：「$\equiv (\mathrm{mod}.\,3)$」を
$$m \equiv n\ (\mathrm{mod}.\,3) \overset{\mathrm{def}}{\Leftrightarrow} m - n は 3 の倍数$$
と定義するとき，

(1) この関係を直積 A^2 の部分集合 R として表してみよう。

(2) この関係を有向グラフで表現し，同値関係であることを確認しよう。

(3) A をこの同値関係により類別してみよう。

解 まず A の要素を列挙すると
$$A = \{-2, -1, 0, 1, 2, 3, 4, 5\}$$
となる。

(1) この関係は，2 つの整数 $m,\ n$ について，差 $m - n$ をつくり

「m 合同 n，モッド 3」と読む。

$$m - n が 3 の倍数 \overset{\mathrm{def}}{\Leftrightarrow} m \equiv n\ (\mathrm{mod}.\,3)$$

ということである。たとえば

$2 - 0 = 2$ は 3 の倍数ではないので $2 \not\equiv 0\ (\mathrm{mod}.\,3)$

$(-2) - 1 = -3$ は 3 の倍数なので $-2 \equiv 1\ (\mathrm{mod}.\,3)$

$4 - (-2) = 6$ は 3 の倍数なので $4 \equiv -2\ (\mathrm{mod}.\,3)$

-2 から順に調べて，この関係を A^2 の部分集合として順序対で表すと

$R = \{(-2, -2), (-2, 1), (-2, 4),$
$(-1, -1), (-1, 2), (-1, 5),$
$(0, 0), (0, 3),$
$(1, -2), (1, 1), (1, 4),$
$(2, -1), (2, 2), (2, 5),$
$(3, 0), (3, 3),$
$(4, -2), (4, 1), (4, 4),$
$(5, -1), (5, 2), (5, 5)\}$

$0 = 3 \cdot 0$ なので，0 も 3 の倍数なのよ。

（2） -2 から順に関係のある数字をつけ加えるようにして有向グラフを描くと右のようになる。このグラフより，3つの性質

　[反射律]　すべての要素にループがついている。
　[対称律]　2つの要素の間に → があるときは，
　　　　　　必ず ← もある。
　[推移律]　矢印を2回たどって行ける要素どうし
　　　　　　には，直接矢印がついている。

が成立することがわかるので，R は同値関係である。

（3） 有向グラフより A は R により

$$C_0 = \{0, 3\} \ (= C_3)$$
$$C_1 = \{-2, 1, 4\} \ (= C_{-2} = C_4)$$
$$C_2 = \{-1, 2, 5\} \ (= C_{-1} = C_5)$$

の3つの類に分かれ，

$$A/R = \{C_0, C_1, C_2\}$$

である。　　　　　　　　　　　　　　　　　　　　　　　　　　　　（解終）

練習問題 24　　　　　　　　　　　　　　　　　　　解答は p. 191

$B = \{n \mid -3 \leqq n \leqq 9, \ n \in \mathbf{Z}\}$ において，関係 R：「$\equiv \pmod{5}$」を

$$m \equiv n \pmod{5} \Leftrightarrow m - n \text{ は 5 の倍数}$$

と定義するとき，
　（1）　この関係を直積 B^2 の部分集合 R として表しなさい。
　（2）　この関係を有向グラフで表現し，同値関係であることを確認しなさい。
　（3）　B をこの同値関係で類別しなさい。

定理 2.3

m を正の整数とする。このとき

関係： $a \equiv b \pmod{m} \overset{\text{def}}{\Leftrightarrow} a - b$ は m の倍数

は同値関係であり，整数全体の集合 $\mathbf{Z}$ は，この関係により
$$\mathbf{Z}_m = \{C_0, C_1, C_2, \cdots, C_{m-1}\}$$
と類別される。

> "$a \equiv b \pmod{m}$" は "a 合同 b，モッド m" とよむのよ。

《説明》 例題 24，練習問題 24 を一般化した定理である。mod. m は日本語では "m を法として" と訳している。差が m の倍数となる 2 つの整数は，m で割ったときには必ず同じ余りをもつので，mod. m による同値類を**剰余類**という。また，各類の代表元も，m で割ったときの余りである。
$$0, 1, 2, \cdots, m-1$$
とするのが普通で，$\mathbf{Z}_m = \{0, 1, 2, \cdots, m-1\}$ と書く場合も多い。

（説明終）

例題 25

$\mathbf{Z}$ を mod. 3 で類別するとき，どのような類に分かれるか求めてみよう。また，100 と -100 はどの類に属するかを調べてみよう。

---- 整除の定理 ----
$m \in \mathbf{Z}$, $m > 0$ とする．
任意の整数 n は
$n = mq + r \quad (r = 0, 1, \cdots, m-1)$
と一意的に表せる。

解 整数を 3 で割った余りは $0, 1, 2$ なので，$\mathbf{Z}_3 = \{C_0, C_1, C_2\}$ と類別される。

100 と -100 を 3 で割り，余りを調べ，どの類に入るか調べると，
$$100 = 3 \times 33 + 1 \text{ より } \quad 100 \in C_1$$
$$-100 = 3 \times (-33) - 1 = 3 \times (-34) + 2 \text{ より } \quad -100 \in C_2 \quad \text{（解終）}$$

練習問題 25　　　　解答は p. 191

$\mathbf{Z}$ を mod. 5 で類別するとき，どのような類に分かれるか求めなさい。また，100, 99, -99 はどの類に属するかを調べなさい。

整除の定理

1750年ごろ，オイラーは数論に関する初等的な考察を書き始めましたが，16の章まで完成させた後，放棄してしまったようです。彼の死後草稿が発見され，ようやく「数論研究」というタイトルで刊行されました。

この中に［整除の定理］と"数の合同"の概念が扱われています。この定理の性質により，整数はb通りの類に分けられ，類どうしの和，差，積，k倍の演算も定義できることを示しました。つまり剰余類の考え方です。そして環の概念への礎をつくりました。

> ［整除の定理］
> 整数 a と自然数 b に対して，
> $$a = qb + r \quad (0 \leq r < b)$$
> をみたす整数 q, r がただ1組存在する。

整数は環という代数系ですが，数に関する［整除の定理］を多項式環へ一般化させたのが次の定理です。

Fを体とし，F上の多項式環$F[X]$の2つの多項式$A(x), B(x)$に対して，
$$A(x) = Q(x)B(x) + R(x) \quad (R(x)の次数 < B(x)の次数)$$
をみたす$Q(x), R(x)$がただ1組存在する。（ただし，$B(x)$はゼロ多項式ではないとする。）

本書の第3章で勉強するように，多項式環においても整数環と同様に，剰余類が考えられます。その他にも，整数に似た性質は，環という代数系でも成り立っているのです。

§2 写　　像

1 写　　像

2つの集合 A から B への関係のうち，次の性質をもつものを考えよう。

> **定義**
>
> 集合 A の各要素に，それぞれ B の要素がただ1つ対応している関係を A から B への**写像**という。

《説明》 写像は，特に微分積分では**関数**ともいう。

一般的な関係は右上図のような対応をもっているが，写像は右下図のように A のすべての要素から1本の矢印のみ出ている関係のことである。

A から B への写像を f とし，a の対応先が b のとき，$b = f(a)$ と書く。また，

A を f の**定義域**

$f(A) = \{b \mid b = f(a),\ a \in A\}$ を

f の**値域**または**像**

という。$f(A)$ は B の部分集合である。

特に A 上の写像で，対応先が自分自身である写像，つまり

$\forall a \in A$ に対して $f(a) = a$

である写像を A 上の**恒等写像**という。

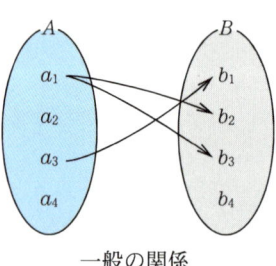

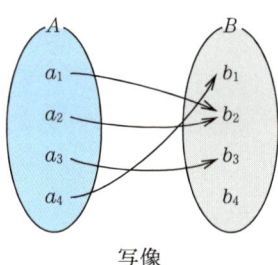

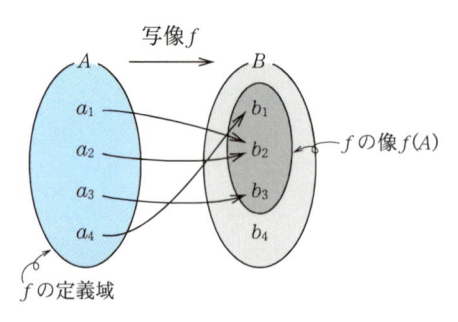

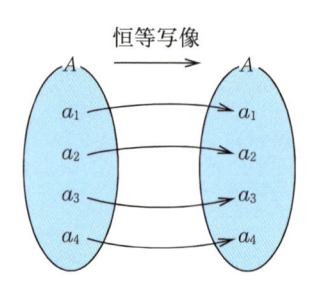

さらに，特別な写像には次の名前がついている．

定義

A から B への写像を f とする．
（1） $a_1, a_2 \in A$ に対して
$$f(a_1) = f(a_2) \Rightarrow a_1 = a_2$$
が成り立っているとき，f を **単射** または **1対1**（写像）という．
（2） $\forall b \in B, \exists a \in A, b = f(a)$
が成り立つとき，f を **全射**（写像）という．

《説明》 単射は下左図のように，矢印が当たっている B の要素には矢印が1本しか当たっていない場合である．また，全射は，B のすべての要素に矢印が当たっている場合である．

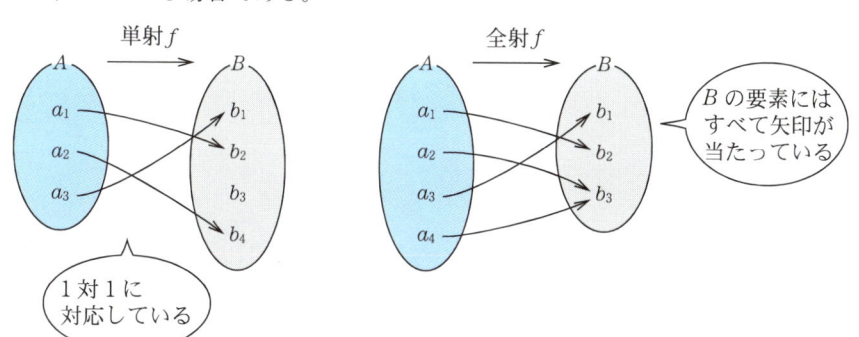

f が単射かつ全射のとき，**全単射**（写像）という．

A, B が有限集合で A から B への全単射写像が存在するときは，A と B の要素の数は同じである．

（説明終）

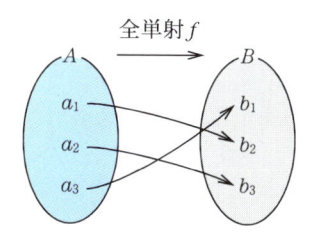

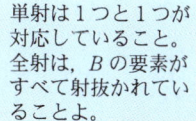

例題 26

$A = \{a, b, c\}$, $B = \{1, 2, 3, 4\}$ について，次の関係は写像かどうか調べてみよう．また，写像の場合は，単射か，全射かを調べ，像も求めてみよう．

(1) A から B への関係　$R_1 = \{(a, 3), (b, 2), (c, 4)\}$

(2) A から B への関係　$R_2 = \{(a, 1), (a, 3), (b, 2), (c, 4)\}$

(3) B から A への関係　$R_3 = \{(1, c), (2, a), (4, b)\}$

(4) B から A への関係　$R_4 = \{(1, b), (2, c), (3, a), (4, c)\}$

(5) B から A への関係　$R_5 = \{(1, a), (2, a), (3, c), (4, c)\}$

解 各関係について関係グラフを描き，

- 写像か？
- 単射か？
- 全射か？
- 像は？

を順に調べていこう．

関係グラフ

$A \xrightarrow{f} B$

- 写像：　A のすべての要素から 1 本のみ矢印が出ている．
- 単射：　対応が 1 対 1 である．
  $\begin{pmatrix} \text{矢印が当たっている } B \text{ の要素は，} \\ 1 \text{ 本の矢印しか当たっていない．} \end{pmatrix}$
- 全射：　B のすべての要素に矢印が当たっている．

---

(1) R_1 の関係グラフは右図のようになる．

- A の各要素から 1 本ずつ矢印が出ているので，写像である．
- 対応は 1 対 1 になっているので，単射である．
- $B \ni 1$ には矢印が当たっていないので，全射ではない．
- 矢印の当たっている B の要素を全部集めて像をつくると，R_1 の像 $= \{2, 3, 4\}$

(2) R_2 の関係グラフは右図のようになる．

- A の要素 a からは 2 本の矢印が出ているので，写像ではない．

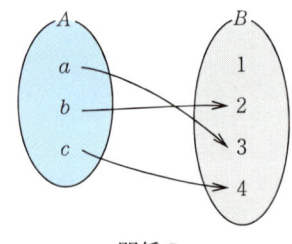

関係 R_1

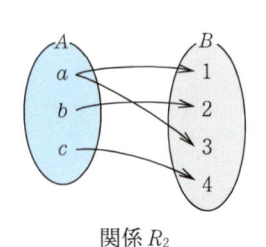

関係 R_2

（3） R_3 の関係グラフは右図のようになる。
- B の要素 3 からは矢印が出ていないので，B から A への 写像ではない 。

（4） R_4 の関係グラフは右中図のようになる。
- B の各要素から矢印が 1 本だけ出ているので， 写像である 。
- A の要素 c には 2 本の矢印が当たっているので， 単射ではない 。
- A のすべての要素に矢印が当たっているので， 全射である 。
- 矢印の当たっている A の要素をすべて集めると
$$R_4 \text{ の像} = \{a, b, c\} = A$$

（5） R_5 の関係グラフは右図のようになる。
- B の各要素から矢印が 1 本ずつ出ているので， 写像である 。
- 1 対 1 の対応になっていないので， 単射ではない 。
- A の要素 b には矢印が当たっていないので， 全射ではない 。
- R_5 の像 $= \{a, c\}$

（解終）

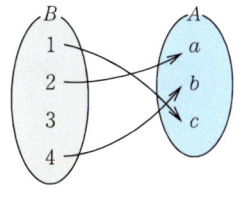

関係 R_3

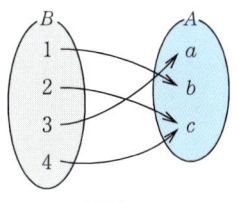

関係 R_4

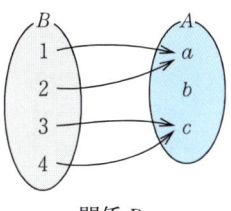

関係 R_5

---像（値域）---
$f: A \to B$ 写像のとき
$f(A) = \{b \mid b = f(a),\ a \in A\}$：像
（矢印の当たっている B の要素全体）

練習問題 26　　　解答は p. 191

$X = \{w, x, y, z\}$，$Y = \{1, 2, 3\}$ について，次の関係は写像かどうか調べなさい。また，写像の場合には，単射か，全射かを調べ，像（値域）も求めなさい。

（1）　$R_1 = \{(w, 1), (x, 2), (y, 3)\} \subset X \times Y$
（2）　$R_2 = \{(w, 1), (x, 3), (y, 3), (z, 2)\} \subset X \times Y$
（3）　$R_3 = \{(w, 2), (x, 2), (y, 2), (z, 2)\} \subset X \times Y$
（4）　$R_4 = \{(1, z), (2, y), (3, x)\} \subset Y \times X$
（5）　$R_5 = \{(1, w), (1, x), (3, y), (3, z)\} \subset Y \times X$

2 置　換

次の特別な写像を考えてみよう。

> **定義**
>
> 集合 $\{1, 2, \cdots, n\}$ 上の全単射写像を **n 次の置換**（ちかん）という。

《説明》 $n = 5$ で説明しよう。$A = \{1, 2, 3, 4, 5\}$ とおくと，A 上の全単射写像とは A の要素どうしがこの写像ですべて1対1に対応していることである。右の関係グラフの全単射写像を描き直してみると，

$$1, 2, 3, 4, 5$$

が順に

$$2, 4, 3, 5, 1$$

に対応していることがわかる。つまり A 上の全単射写像は A の要素の並べ換えにほかならない。このことを

$$\begin{pmatrix} 1 & 2 & 3 & 4 & 5 \\ 2 & 4 & 3 & 5 & 1 \end{pmatrix} \quad \cdots ☆$$

と上と下に対応関係を表して書き，**置換** とよぶ。

上と下の対応が重要であって，

$$\begin{pmatrix} 3 & 1 & 5 & 2 & 4 \\ 3 & 2 & 1 & 4 & 5 \end{pmatrix}$$

と書いても☆と同じ置換である。

特に上と下が同じである置換

$$\begin{pmatrix} 1 & 2 & 3 & 4 & 5 \\ 1 & 2 & 3 & 4 & 5 \end{pmatrix}$$

を **恒等置換** という。

一般に，n 次の置換全体を S_n で表す。S_n は $n!$ 個の元をもつ集合である。

(説明終)

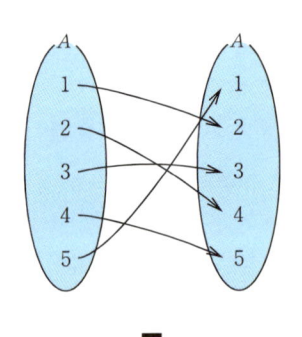

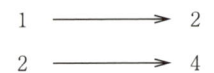

定義

$S_n \ni \sigma, \varphi$ とする。

（1） 置換 σ と φ を続けて行った置換を σ と φ の**積**といい，$\varphi \circ \sigma$ で表す。

（2） 置換 σ の逆の対応で決まる置換を σ の**逆置換**といい，σ^{-1} で表す。

ギリシア文字
シグマ　ファイ
$\sigma,\ \varphi$

《説明》 $n=3$ の場合で説明しよう。

$$\sigma = \begin{pmatrix} 1 & 2 & 3 \\ 2 & 3 & 1 \end{pmatrix}, \quad \varphi = \begin{pmatrix} 1 & 2 & 3 \\ 3 & 2 & 1 \end{pmatrix}$$

とする。置換 σ と φ はともに $1, 2, 3$ の並べ換えであるから，これを続けて行ってみると，右の関係グラフより全体では

$$\begin{pmatrix} 1 & 2 & 3 \\ 2 & 1 & 3 \end{pmatrix}$$

という置換となる。これが σ と φ の置換の積 $\varphi \circ \sigma$ である。つまり，

$$\varphi \circ \sigma = \begin{pmatrix} 1 & 2 & 3 \\ 2 & 1 & 3 \end{pmatrix}$$

一方，$\sigma \circ \varphi$ は φ と σ の積で次の置換である。

$$\sigma \circ \varphi = \begin{pmatrix} 1 & 2 & 3 \\ 1 & 3 & 2 \end{pmatrix}$$

また，σ の逆の対応が逆置換なので

$$\sigma^{-1} = \begin{pmatrix} 1 & 2 & 3 \\ 3 & 1 & 2 \end{pmatrix}$$

となる。　　　　　　　　　　（説明終）

積 $\varphi \circ \sigma$ の置換の順番に気をつけてね。

3次の置換 S_3

$$\begin{pmatrix} 1 & 2 & 3 \\ 1 & 2 & 3 \end{pmatrix} \begin{pmatrix} 1 & 2 & 3 \\ 1 & 3 & 2 \end{pmatrix} \begin{pmatrix} 1 & 2 & 3 \\ 3 & 2 & 1 \end{pmatrix}$$

$$\begin{pmatrix} 1 & 2 & 3 \\ 2 & 1 & 3 \end{pmatrix} \begin{pmatrix} 1 & 2 & 3 \\ 3 & 1 & 2 \end{pmatrix} \begin{pmatrix} 1 & 2 & 3 \\ 2 & 3 & 1 \end{pmatrix}$$

全部で6こ

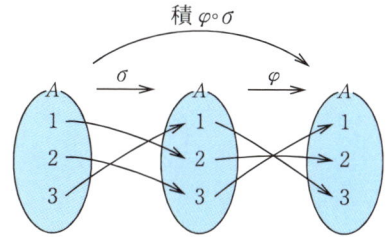

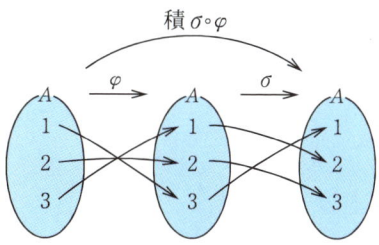

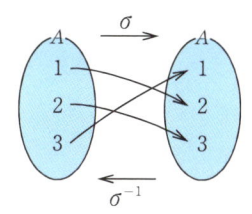

例題 27

次の 3 次の置換 σ と φ について，$\varphi \circ \sigma$, $\sigma \circ \varphi$, σ^{-1} を求めてみよう。

$$\sigma = \begin{pmatrix} 1 & 2 & 3 \\ 3 & 1 & 2 \end{pmatrix}, \quad \varphi = \begin{pmatrix} 1 & 2 & 3 \\ 1 & 3 & 2 \end{pmatrix}$$

解 $A = \{1, 2, 3\}$ とする。$\varphi \circ \sigma$ は，はじめに σ で A の要素を写像し，その結果を φ で写像することである。右の関係グラフより

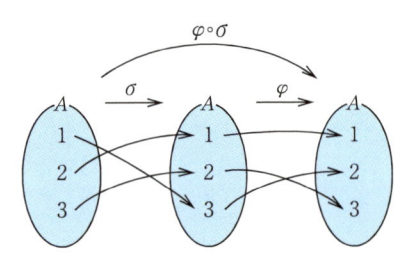

$$\varphi \circ \sigma = \begin{pmatrix} 1 & 2 & 3 \\ 2 & 1 & 3 \end{pmatrix}$$

という置換になる。いちいち関係グラフを書かなくても，置換を並べて書き，右から 順に数字を追うと簡単である。

$$\varphi \circ \sigma = \begin{pmatrix} \boxed{1} & \triangle{2} & \text{③} \\ 1 & 3 & 2 \end{pmatrix} \begin{pmatrix} 1 & 2 & 3 \\ \text{③} & \boxed{1} & \triangle{2} \end{pmatrix} = \begin{pmatrix} 1 & 2 & 3 \\ 2 & 1 & 3 \end{pmatrix}$$

$\sigma \circ \varphi$ をこの方法で求めると

$$\sigma \circ \varphi = \begin{pmatrix} \text{①} & \triangle{2} & \boxed{3} \\ 3 & 1 & 2 \end{pmatrix} \begin{pmatrix} 1 & 2 & 3 \\ \text{①} & \boxed{3} & \triangle{2} \end{pmatrix}$$

$$= \begin{pmatrix} 1 & 2 & 3 \\ 3 & 2 & 1 \end{pmatrix}$$

σ^{-1} は σ の逆の対応なので，対応の上下を入れ換えれば簡単に求まる。

$$\sigma^{-1} = \begin{pmatrix} 1 & 2 & 3 \\ 3 & 1 & 2 \end{pmatrix}^{-1} = \begin{pmatrix} 3 & 1 & 2 \\ 1 & 2 & 3 \end{pmatrix}$$

$$= \begin{pmatrix} 1 & 2 & 3 \\ 2 & 3 & 1 \end{pmatrix}$$

（解終）

一般的に $\varphi \circ \sigma \neq \sigma \circ \varphi$ よ。

練習問題 27　　解答は p. 192

次の 3 次の置換 σ と φ について，$\varphi \circ \sigma$, $\sigma \circ \varphi$, σ^{-1}, φ^{-1} を求めなさい。

$$\sigma = \begin{pmatrix} 1 & 2 & 3 \\ 3 & 1 & 2 \end{pmatrix}, \quad \varphi = \begin{pmatrix} 1 & 2 & 3 \\ 2 & 1 & 3 \end{pmatrix}$$

3 可付番集合

定義
2つの集合 A と B の間に全単射写像が存在するとき，A と B は同じ**濃度**であるという。

《説明》 "濃度"は"集合の要素の個数"を無限集合にまで拡張した概念である。ある自然数 n について，集合 $A=\{1,2,\cdots,n\}$ と同じ濃度をもつ集合は有限集合である。つまり，要素の個数は n であり，濃度 n をもつという。

一方，無限集合である自然数全体 $\boldsymbol{N}=\{1,2,3,\cdots\}$ と同じ濃度をもつ集合を**可付番（無限）集合**または**可算集合**といい，**可算濃度** $\aleph_0$（アレフゼロ）をもつという。濃度 $\aleph_0$ をもつ集合は無限集合だが，

$$a_1, a_2, a_3, \cdots, a_n, \cdots$$

と自然数を使って要素に番号をつけられる番号づけ可能な集合のことである。

$$\boldsymbol{N}, \ \boldsymbol{Z}, \ \boldsymbol{Q}$$

はみな可算濃度 $\aleph_0$ をもつ。有限集合，可算集合を合わせて**離散集合**という。

（説明終）

定理 2.4
A, B を可付番集合とするとき，$A \cup B$ も**可付番集合**である。

《説明》 証明は省略するが，たとえば
$$A=\{n \mid n=2k, \ k \in \boldsymbol{N}\} \ (\text{正の偶数全体の集合})$$
$$B=\{n \mid n=2k-1, \ k \in \boldsymbol{N}\} \ (\text{正の奇数全体の集合})$$
とすると，

A から $\boldsymbol{N}$ への写像　$f : n=2k \ \longmapsto k$

B から $\boldsymbol{N}$ への写像　$g : n=2k-1 \longmapsto k$

はともに全単射写像なので，A, B ともに可付番集合である。そして，

$$\boldsymbol{N} = A \cup B$$

が成立し，$\boldsymbol{N}$ も可付番集合である。　（説明終）

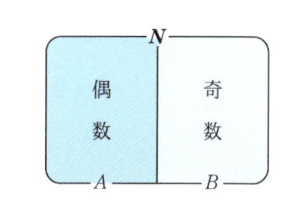

定理 2.5

実数の集合 $\boldsymbol{R}$ は可付番集合ではない。

【略証明】 背理法および<u>対角線論法</u>とよばれる方法で示す。

$\boldsymbol{R}$ を可付番集合とすると，$\boldsymbol{R}$ の部分集合
$$X = \{\, x \mid x = 0.a_1 a_2 a_3 \cdots, \ a_i \in A\,\}$$
$$(\text{ただし}, \ A = \{0, 1, 2, \cdots, 8\})$$

も無限集合であり，可付番集合となる。そこで X の要素を
$$X = \{x_1, x_2, \cdots, x_n, \cdots\}$$
と番号づけして並べ，各 x_i を小数で表し
$$x_1 = 0.a_{11} a_{12} \cdots a_{1n} \cdots$$
$$x_2 = 0.a_{21} a_{22} \cdots a_{2n} \cdots$$
$$\vdots$$
$$x_n = 0.a_{n1} a_{n2} \cdots a_{nn} \cdots$$
$$\vdots$$

> a_i を $0, 1, \cdots, 8$ のいずれかの数とするのは
> $0.1 = 0.0999\cdots$
> などの 2 通りの表現をさけるためよ。

とする。ここで，$0, 1, 2, \cdots, 8$ の中から $b_1, b_2, \cdots, b_n, \cdots$ を
$$a_{11} \neq b_1, \ a_{22} \neq b_2, \cdots, a_{nn} \neq b_n, \cdots$$
となるように選び
$$x = 0.b_1 b_2 \cdots b_n \cdots$$
とすると，$x \in X$ であり x の小数点第 i 位は x_i とは異なるので
$$x \neq x_i \quad (i = 1, 2, 3, \cdots)$$
である。したがって
$$x \notin \{x_1, x_2, \cdots\} = X$$
となり矛盾。X の要素をどのように番号づけして並べても，同様に必ず X に属していない要素をつくることができ，矛盾が生じる。

したがって，X は可付番集合ではない。　　　　　　　　　　　　　　(略証明終)

《説明》　$\boldsymbol{R}$ と同じ濃度をもつ集合を濃度 $\aleph$ (アレフ) をもつ集合という。$\aleph_0$ を可算濃度というのに対し $\aleph$ を<u>連続濃度</u>という。(濃度については，p. 180 のコラム参照。)　　　　　　　　　　　　　　　　　　　　　　　　　(説明終)

第3章
代数系

集合の中に構造を入れます。

§1 代数系

1 2項演算と代数系

> **定義**
> 集合 A に対し，$A \times A$ から A への写像を A の **2項演算** という．

《説明》 $A \times A$ から A への写像を

$$A \times A \longrightarrow A$$
$$(a, b) \longmapsto c$$

> **直積**
> $A \times B = \{(a, b) \mid a \in A,\ b \in B\}$

とする．つまり $A \times A$ の要素 (a, b) に A の要素 c を対応させる写像である．a と b から c が決まるので，$*$ などの記号を用いて

$$a * b = c$$

と書く．つまり $*$ が A の2項演算である．また，$*$ が A の2項演算であるとき，A は2項演算 $*$ について **閉じている**，または，2項演算 $*$ が定義されているという．

たとえば自然数全体の集合 N について，写像

$$+ : N \times N \longrightarrow N$$
$$(l, m) \longmapsto n = l + m$$

は加法という N の2項演算である． (説明終)

以後，演算とは2項演算をさすものとする．

> 3項演算，4項演算，…もあるのよ．

> **定義**
> A に演算 $*$ が定義されているとき，集合 A と演算 $*$ とを一緒に考えた系 $(A; *)$ を **代数系** という．
> 特に A が離散集合のとき，$(A; *)$ を **離散代数系** という．

《説明》 集合に演算を導入することにより，集合の中に構造が考えられるようになる．1つの集合に複数の演算を考える場合もある． (説明終)

例題 28

3 を法とする剰余類 $\mathbf{Z}_3 = \{C_0, C_1, C_2\}$ において,演算 "$+$" と "$\times$" を
$$C_a + C_b \stackrel{\text{def}}{=} C_{a+b},$$
$$C_a \times C_b \stackrel{\text{def}}{=} C_{a \times b}$$
と定義するとき,"$+$" と "$\times$" に関する演算表をつくってみよう。

解 演算表とは,表の上と左に集合の要素を書き,演算結果を表した表のことである。

"$+$" については
$$C_0 + C_1 = C_{0+1} = C_1$$
$$C_2 + C_2 = C_{2+2} = C_4 = C_1$$
…

"$\times$" については
$$C_0 \times C_2 = C_{0 \times 2} = C_0$$
$$C_2 \times C_2 = C_{2 \times 2} = C_4 = C_1$$
…

などのように,演算結果の代表元は $0, 1, 2$ のいずれかに直しておく。

結果は右のようになる。　　　　(解終)

$*$ の演算表

$*$	$\cdots$	b	$\cdots$
$\vdots$		$\vdots$	
a	$\cdots$	$a*b$	
$\vdots$			

$+$	C_0	C_1	C_2
C_0	C_0	C_1	C_2
C_1	C_1	C_2	C_0
C_2	C_2	C_0	C_1

$\times$	C_0	C_1	C_2
C_0	C_0	C_0	C_0
C_1	C_0	C_1	C_2
C_2	C_0	C_2	C_1

《説明》　一般に,正の整数 m を法とする剰余類
$$\mathbf{Z}_m = \{C_0, C_1, \cdots, C_{m-1}\}$$
においても,演算 "$+$" と "$\times$" を同様に定義することができる。演算結果の類の代表元 $a+b$,$a \times b$ は mod. m で考え,$0, 1, \cdots, m-1$ のいずれかに直せばよい。　　　　(説明終)

―― $\mathbf{Z}_m$ の演算 ――
$$C_a + C_b = C_{a+b}$$
$$C_a \times C_b = C_{a \times b}$$

練習問題 28　　　　解答は p. 192

5 を法とする剰余類 $\mathbf{Z}_5$ において,"$+$" と "$\times$" の演算表をつくりなさい。

例題 29

$M = \{1, 2, 3, 6\}$ において，次の 2 つの演算 $\vee$ と $\wedge$ を考える。
$$m \vee n \stackrel{\text{def}}{=} m \text{ と } n \text{ の最小公倍数}$$
$$m \wedge n \stackrel{\text{def}}{=} m \text{ と } n \text{ の最大公約数}$$

（1） $\vee$ と $\wedge$ の演算表をつくってみよう。

（2） 次の演算結果を求めてみよう。

① $(2 \vee 3) \wedge 6$ ② $2 \vee (3 \wedge 6)$ ③ $(1 \vee 3) \wedge (6 \vee 2)$

解 （1） $\vee$ と $\wedge$ の演算表は右の通りとなる。

（2） 演算表を使って求めてみよう。（ ）の中を優先に求める。

① $(2 \vee 3) \wedge 6 = 6 \wedge 6 = 6$

② $2 \vee (3 \wedge 6) = 2 \vee 3 = 6$

③ $(1 \vee 3) \wedge (6 \vee 2) = 3 \wedge 6 = 3$

（解終）

$\vee$	1	2	3	6
1	1	2	3	6
2	2	2	6	6
3	3	6	3	6
6	6	6	6	6

$\wedge$	1	2	3	6
1	1	1	1	1
2	1	2	1	2
3	1	1	3	3
6	1	2	3	6

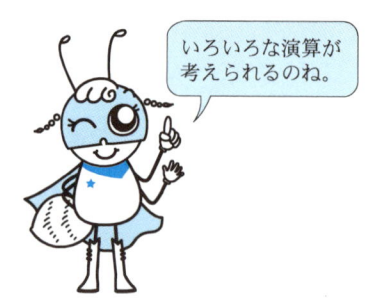

いろいろな演算が考えられるのね。

＊の演算表

＊	⋯	b	⋯
⋮		⋮	
a	⋯	$a * b$	
⋮			

練習問題 29

解答は p.193

$M = \{1, 3, 5, 15\}$ において，例題と同じ演算 $\vee$ と $\wedge$ を定義する。

（1） $\vee$ と $\wedge$ の演算表をつくりなさい。

（2） 次の演算結果を求めなさい。

① $(3 \vee 15) \wedge 5$ ② $5 \wedge (3 \vee 15)$ ③ $(3 \wedge 5) \vee (1 \wedge 15)$

2 交換律と結合律

定義

$*$ を A の演算とする。A の任意の元 a, b, c について
 (1) $a*b = b*a$ が成立するとき，**交換律** が成立するという。
 (2) $a*(b*c) = (a*b)*c$ が成立するとき，**結合律** が成立するという。

《説明》 実数 $\mathbf{R}$ における $+, \times$ は両方とも成立するが，$\mathbf{R}$ における $-$ や $\mathbf{R} - \{0\}$ における $\div$ は両方とも成立しない。反例を挙げると，
$$5 - 3 \neq 3 - 5, \quad 5 - (4-3) \neq (5-4) - 3$$
$$5 \div 3 \neq 3 \div 5, \quad 5 \div (4 \div 3) \neq (5 \div 4) \div 3 \quad (\text{説明終})$$

=== 例題 30 ===

$\mathbf{Z}$ において，$m \circ n \stackrel{\text{def}}{=} mn - 1$ で定義される演算 $\circ$ について，
 (1) 交換律 (2) 結合律
が成立するかどうかを調べてみよう。

解 (1) 交換律 $m \circ n = n \circ m$ が成立するかどうかを調べる。
$$m \circ n = mn - 1 = nm - 1 = n \circ m$$
よって，交換律は成立する。

(2) 結合律 $l \circ (m \circ n) = (l \circ m) \circ n$ が成立するかどうかを調べる。
$$l \circ (m \circ n) = l \circ (mn - 1) = l(mn-1) - 1 = lmn - l - 1$$
$$(l \circ m) \circ n = (lm - 1) \circ n = (lm-1)n - 1 = lmn - n - 1$$
$$\therefore \quad l \circ (m \circ n) \neq (l \circ m) \circ n$$
したがって，結合律は成立しない。 (解終)

練習問題 30 解答は p.193

$\mathbf{Z}$ において，$a * b \stackrel{\text{def}}{=} ab + a + b$ で定義される演算 $*$ について，
 (1) 交換律 (2) 結合律
が成立するかどうかを調べなさい。

3 単位元と逆元

代数系 $(A;*)$ の中で演算 $*$ に関して特別な元を考えよう。（代数系では"要素"より"元"の方が多く使われる。）

定義

A の任意の元 a に対して
$$a*e = e*a = a$$
が成立する A の元 e を $(A;*)$ の**単位元**という。

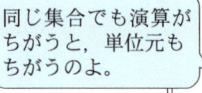

（吹き出し）同じ集合でも演算がちがうと，単位元もちがうのよ。

《説明》 単位元 e が存在すればただ1つである。たとえば，$(\mathbf{Z};\times)$ について

$\mathbf{Z} \ni \forall n$ に対して $1 \times n = n \times 1 = n$

より，1 が演算 $\times$ に関する単位元である。

一方，$(\mathbf{Z};+)$ を考えると

$\mathbf{Z} \ni \forall n$ に対して $0 + n = n + 0 = n$

より，0 が演算 $+$ に関する単位元である。

演算が加法 $+$ である場合には，単位元を**ゼロ元**ともいう。　　　（説明終）

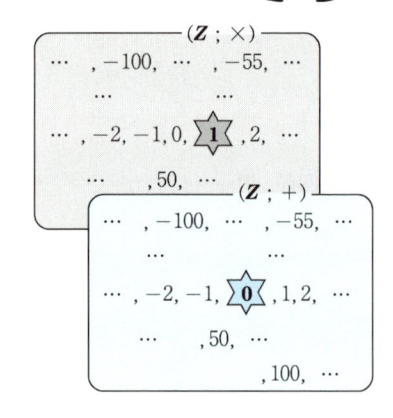

$(\mathbf{Z};\times)$
$\cdots, -100, \cdots, -55, \cdots$
$\cdots$
$\cdots, -2, -1, 0, \boxed{1}, 2, \cdots$
$\cdots, 50, \cdots$

$(\mathbf{Z};+)$
$\cdots, -100, \cdots, -55, \cdots$
$\cdots$
$\cdots, -2, -1, \boxed{0}, 1, 2, \cdots$
$\cdots, 50, \cdots$
$\cdots, 100, \cdots$

=== 例題 31 ===

$\mathbf{Z}_3 = \{C_0, C_1, C_2\}$ について，演算 "$\times$" と "$+$" の単位元をそれぞれ求めてみよう。

$\times$	C_0	C_1	C_2
C_0	C_0	C_0	C_0
C_1	C_0	C_1	C_2
C_2	C_0	C_2	C_1

$+$	C_0	C_1	C_2
C_0	C_0	C_1	C_2
C_1	C_1	C_2	C_0
C_2	C_2	C_0	C_1

[解] $\mathbf{Z}_3$ の "$\times$" と "$+$" の演算表は例題 28 で求めてあった。$\mathbf{Z}_3 \ni \forall C_a$ に対して

$C_a \times C_e = C_e \times C_a = C_a$ となる元 C_e は $C_e = C_1$,

$C_a + C_e = C_e + C_a = C_a$ となる元 C_e は $C_e = C_0$

より，$(\mathbf{Z}_3;\times)$ の単位元は C_1，$(\mathbf{Z}_3;+)$ の単位元は C_0 である。　　　（解終）

=== 練習問題 31 ===　　　解答は p.193

$(\mathbf{Z}_5;\times)$，$(\mathbf{Z}_5;+)$ の単位元を求めなさい。

---定義---

$(A;*)$ が単位元 e をもつとき，$A \ni a$ に対し
$$a * x_a = x_a * a = e$$
となる x_a が A に存在するとき，x_a を a の逆元といい，a^{-1} で表す。

《説明》 単位元 e は $(A;*)$ に対して1つ決定されるのに対し，逆元は各元により決定される。a の逆元 a^{-1} が存在すれば，ただ1つである。たとえば $(\boldsymbol{Z};\times)$ と $(\boldsymbol{Z};+)$ においては次のようになる。

- $(\boldsymbol{Z};\times)$ において，単位元は1であった。

   $\boldsymbol{Z} \ni n$ に対し，$n \times x_n = x_n \times n = 1$ となる x_n が n の逆元である。

   $n \neq 1$ のときは，このような x_n は $\boldsymbol{Z}$ には存在しないので，逆元は存在しない。

   $n = 1$ のとき，$1 \times 1 = 1 \times 1 = 1$ なので，1の逆元は1である。

- $(\boldsymbol{Z};+)$ において，単位元は0であった。

   $\boldsymbol{Z} \ni n$ に対し，$n + x_n = x_n + n = 0$ となる x_n が n の逆元である。

   つまり，$x_n = -n \in \boldsymbol{Z}$ が n の逆元となる。

演算が加法＋の場合には a の逆元を $-a$ と表記する。 （説明終）

=== 例題 32 ===

$(\boldsymbol{Z}_3;\times)$ において，各元の逆元を求めてみよう。

解 $(\boldsymbol{Z}_3;\times)$ の単位元は C_1 であった。各元の逆元を左頁の演算表を見ながら求めよう。

$C_0 \times C_{x_0} = C_{x_0} \times C_0 = C_1$ となる C_{x_0} は存在しない。つまり C_0^{-1} は存在しない。
$C_1 \times C_{x_1} = C_{x_1} \times C_1 = C_1$ となる C_{x_1} は $C_{x_1} = C_1$，つまり $C_1^{-1} = C_1$。
$C_2 \times C_{x_2} = C_{x_2} \times C_2 = C_1$ となる C_{x_2} は $C_{x_2} = C_2$，つまり $C_2^{-1} = C_2$。

（解終）

練習問題 32 解答は p.193

$(\boldsymbol{Z}_3;+)$，$(\boldsymbol{Z}_5;\times)$，$(\boldsymbol{Z}_5;+)$ における各元の逆元を求めなさい。

§2 半群と群

演算の性質により代数系に様々な構造が定められる。それらを順にみていこう。

1 半　群

> **定義**
> 　代数系 $(S;*)$ の演算 $*$ が結合律をみたすとき，$(S;*)$ を **半群** という。特に単位元をもつ半群を **モノイド** という。

《説明》$(\mathbf{Z};+)$ における演算 $+$ は，

　　　結合律：$a+(b+c)=(a+b)+c$

が成立している。この性質により，いくつもの元を演算させたいときは，隣り合った元どうしならどちらを先に演算してもよいことを示している。つまり，

$$2+2+2+\cdots+2$$

は，どこに（　）をつけても結果は同じである。このような代数系 $(S;*)$ が半群である。

　一方，$(\mathbf{Z};-)$ における演算 $-$ は，結合律は成立しない。つまり

$$a-(b-c) \neq (a-b)-c$$

であり，半群ではない。この場合，いくつもの元を演算させるときには，常に（　）をつけて，演算順序を明記しなくてはいけない。このことは

$$2-2-2-\cdots-2$$

の計算ではどこに（　）をつけるかにより結果は異なってしまうということである。（通常（　）がない場合は，左から優先に計算している。）

　半群の中でも，"単位元 e が存在する"という特別な性質をもつ代数系がモノイドである。

（説明終）

― 結合律 ―
$a*(b*c)=(a*b)*c$

― 単位元 e ―
$A \ni {}^\forall a$ に対し
$a*e=e*a=a$

例題 33

次の代数系は半群かモノイドかを調べてみよう。
（1）$(\boldsymbol{N}; +)$
（2）$(\boldsymbol{N}; \times)$
（3）$A = \{n \mid n = 3k,\ k \in \boldsymbol{N}\}$ のとき $(A; \times)$

解　（1）＋について結合律はみたすが，$0 \notin \boldsymbol{N}$ なので単位元は存在しない。したがって $(\boldsymbol{N}; +)$ は 半群である が モノイドではない 。
（2）×について結合律はみたす。また $1 \in \boldsymbol{N}$ なので単位元も存在する。したがって $(\boldsymbol{N}; \times)$ は モノイドである 。
（3）A は3の倍数からなる $\boldsymbol{N}$ の部分集合なので，×について結合律が成立している。

次に，単位元 e が存在するかどうかを調べてみよう。
$$A \ni \forall n \text{ に対して } n \times e = e \times n = n$$
となる e が A に存在するとすると，$n = 3k\ (k \in \boldsymbol{N})$ を上式に代入して
$$3k \times e = e \times 3k = 3k \quad \text{より} \quad e = 1$$
しかし，1は3の倍数ではなく，$e = 1 \notin A$ なので矛盾する。ゆえに，A には単位元は存在しない。
したがって，$(A; \times)$ は 半群である が モノイドではない 。　　　　　（解終）

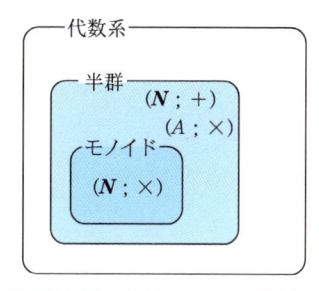

練習問題 33

次の代数系は半群かモノイドかを調べなさい。
（1）$(\boldsymbol{Z}; +)$
（2）$(\boldsymbol{Z}; -)$
（3）$A = \{n \mid n = 3k,\ k \in \boldsymbol{N}\}$ のとき $(A; +)$

2 群

半群とモノイドにさらに条件をつけ加えた代数系を考えてみよう。

定義

代数系 $(G;*)$ が次の性質をみたすとき，**群**という。
（ⅰ） 演算 $*$ について結合律が成立する。
（ⅱ） 演算 $*$ について単位元が存在する。
（ⅲ） G のすべての元に演算 $*$ に関する逆元が存在する。

《説明》 （ⅰ），（ⅱ），（ⅲ）の性質は
　　（ⅰ） … 半群の条件
　　（ⅰ），（ⅱ） … モノイドの条件
　　（ⅰ），（ⅱ），（ⅲ） … 群の条件
となっている。つまりモノイドの中で，特に
　　　すべての元に逆元が存在する
という条件をつけ加えた代数系が群である。

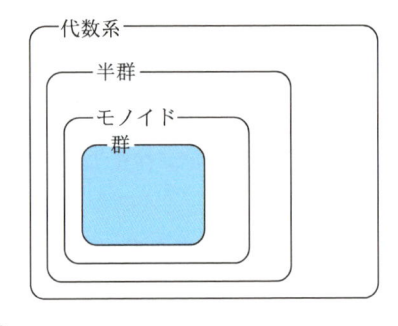

　演算 $*$ が交換律をみたす群を**可換群**または**アーベル群**という。演算が実数の乗法に似ている場合には**乗法群**，加法に似ている場合には**加法群**という。

　また，G の元の数が有限のとき，G を**有限群**，元の数が有限でないとき，**無限群**という。
　　　　　　　　　　　　　　　　　　　　　　　　　　　（説明終）

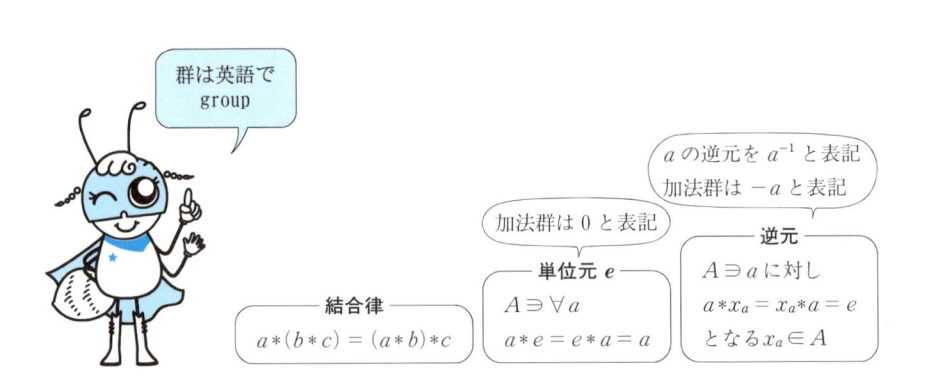

群は英語で group

結合律
$a*(b*c) = (a*b)*c$

単位元 e
加法群は 0 と表記
$A \ni \forall a$
$a*e = e*a = a$

逆元
a の逆元を a^{-1} と表記
加法群は $-a$ と表記
$A \ni a$ に対し
$a*x_a = x_a*a = e$
となる $x_a \in A$

例題 34

次の代数系が群であることを示してみよう。
（1） $(\mathbf{Z}\,;+)$
（2） $\mathbf{Q}^* = \{a \mid a \neq 0,\ a \in \mathbf{Q}\}$ のとき $(\mathbf{Q}^*\,;\times)$

解 （1） 練習問題 33 (1) より $(\mathbf{Z}\,;+)$ はモノイドであり，単位元（ゼロ元）は 0 である．したがって（iii）の性質のみ調べればよい．
(iii) $\mathbf{Z} \ni \forall n$ に対し，$n + x_n = x_n + n = 0$ となる x_n が $\mathbf{Z}$ に存在するかを調べる．
$\quad\quad n$ に対し，$-n \in \mathbf{Z}$ であり，$n + (-n) = (-n) + n = 0$
なので n の（加法）逆元は $-n$ である．ゆえに（iii）は成立する．
したがって $(\mathbf{Z}\,;+)$ は群である．
（2）（i） $\mathbf{Q}^*$ は $\mathbf{Q}$ の部分集合であり，$\mathbf{Q}$ では × について結合法則が成立しているので，
$$\text{結合律：} \quad a \times (b \times c) = (a \times b) \times c$$
は成立する．
（ii） $1 \in \mathbf{Q}^*$ であり $\mathbf{Q}^* \ni \forall a$ に対し
$$a \times 1 = 1 \times a = a$$
が成立するので 1 が単位元である．
（iii） $\forall a \in \mathbf{Q}^*$ に対して $\dfrac{1}{a} \in \mathbf{Q}^*$ であり
$$a \times \frac{1}{a} = \frac{1}{a} \times a = 1$$
が成立するので a の逆元は $\dfrac{1}{a}$ である．
以上より $(\mathbf{Q}^*\,;\times)$ は群である． (解終)

練習問題 34　　解答は p. 194

次の代数系が群であることを示しなさい．
（1） $(\mathbf{Q}\,;+)$
（2） $G = \{3^n \mid n \in \mathbf{Z}\}$ とするとき，$(G\,;\times)$

例題 35

$$Z_3 = \{C_0, C_1, C_2\}, \quad Z_3^* = \{C_1, C_2\}$$

とするとき,次の代数系は群となるかどうかを調べてみよう.

(1) $(Z_3; +)$　　(2) $(Z_3; \times)$　　(3) $(Z_3^*; \times)$

解 (1) $(Z_3; +)$ について,演算表は右の通り.

+	C_0	C_1	C_2
C_0	C_0	C_1	C_2
C_1	C_1	C_2	C_0
C_2	C_2	C_0	C_1

(i) 結合律は成立するか?

$\forall C_a, C_b, C_c \in Z_3$ について

$$C_a + (C_b + C_c) = C_a + C_{b+c} = C_{a+(b+c)}$$
$$= C_{(a+b)+c} = C_{a+b} + C_c = (C_a + C_b) + C_c$$

ゆえに結合律は成立する.

(ii) 単位元は存在するか?

$\forall C_a \in Z_3$ に対し,$C_0 \in Z_3$ を考えると

$$C_a + C_0 = C_{a+0} = C_a, \quad C_0 + C_a = C_{0+a} = C_a$$

ゆえに C_0 が単位元である.

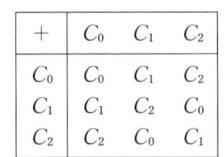

――結合法則――
$a * (b * c) = (a * b) * c$

――単位元 e――
$a * e = e * a = a$

(iii) すべての元に逆元が存在するか?

演算は + なので,C_a の逆元を $-C_a$ とも表記すると,演算表より

$C_0 + C_0 = C_0 + C_0 = C_0 \quad \therefore \; -C_0 = C_0$

$C_1 + C_2 = C_2 + C_1 = C_0 \quad \therefore \; -C_1 = C_2$

$C_2 + C_1 = C_1 + C_2 = C_0 \quad \therefore \; -C_2 = C_1$

となり,すべての元に逆元が存在する.

($-C_a = C_{-a}$ が成立する.)

――逆元 a^{-1}――
$a * a^{-1} = a^{-1} * a = e$

以上より,(i),(ii),(iii) をみたすので $(Z_3; +)$ は 群である.

(2) $(Z_3; \times)$ についての演算表は右の通り.

×	C_0	C_1	C_2
C_0	C_0	C_0	C_0
C_1	C_0	C_1	C_2
C_2	C_0	C_2	C_1

(i) 結合律が成立するか?

$\forall C_a, C_b, C_c \in Z_3$ に対して

$$C_a \times (C_b \times C_c) = C_a \times C_{b \times c} = C_{a \times (b \times c)}$$
$$= C_{(a \times b) \times c} = C_{a \times b} \times C_c = (C_a \times C_b) \times C_c$$

ゆえに結合律は成立する.

(ii) 単位元は存在するか？

$\forall C_a \in \mathbf{Z}_3$ に対して，$C_1 \in \mathbf{Z}_3$ を考えると
$$C_a \times C_1 = C_{a \times 1} = C_a, \quad C_1 \times C_a = C_{1 \times a} = C_a$$
ゆえに C_1 が単位元である。

(iii) すべての元に逆元が存在するか？

$C_0 \in \mathbf{Z}_3$ については
$$C_0 \times C_a = C_a \times C_0 = C_1$$
となる C_a は $\mathbf{Z}_3$ に存在しないので，C_0 には逆元は存在しない。

したがって (iii) が成立しないので，$(\mathbf{Z}_3; \times)$ は 群ではない 。

(3) $(\mathbf{Z}_3^*; \times)$ について，演算表は右の通り。

$\times$	C_1	C_2
C_1	C_1	C_2
C_2	C_2	C_1

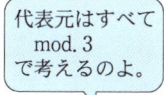

(i) 結合法則が成立するか？

$\forall C_a, C_b, C_c \in \mathbf{Z}_3^*$ について
$$\begin{aligned} C_a \times (C_b \times C_c) &= C_a \times C_{b \times c} = C_{a \times (b \times c)} \\ &= C_{(a \times b) \times c} = C_{a \times b} \times C_c \\ &= (C_a \times C_b) \times C_c \end{aligned}$$

したがって結合律は成立する。

(ii) 単位元は存在するか？

$\forall C_a \in \mathbf{Z}_3^*$ に対して，$C_1 \in \mathbf{Z}_3$ を考えると
$$C_a \times C_1 = C_1 \times C_a = C_a$$
ゆえに単位元は C_1 である。

(iii) すべての元に単位元が存在するか？

$C_1 \times C_1 = C_1 \times C_1 = C_1$ より $C_1^{-1} = C_1$

$C_2 \times C_2 = C_2 \times C_2 = C_1$ より $C_2^{-1} = C_2$

ゆえにすべての元に逆元が存在する。

以上より，$(\mathbf{Z}_3^*; \times)$ は 群である 。

(解終)

代表元はすべて mod. 3 で考えるのよ。

練習問題 35

解答は p.194

$$\mathbf{Z}_4 = \{C_0, C_1, C_2, C_3\}, \quad \mathbf{Z}_4^* = \{C_1, C_3\}$$

とするとき，次の代数系は群となるかどうかを調べなさい。

(1) $(\mathbf{Z}_4; +)$ (2) $(\mathbf{Z}_4; \times)$ (3) $(\mathbf{Z}_4^*; \times)$

3 巡 回 群

群において，同じ元を何回も演算させるときは，数と同じように次の表記が便利である。乗法群 $(G;\times)$ と加法群 $(G;+)$ に分けて定義をしておくが，本質的には同じである。

定義

乗法群 $(G;\times)$ において，元 a のベキ乗を次のように定義する。

$a^n = \overbrace{a \times a \times \cdots \times a}^{n コ}$ $(n \in \boldsymbol{N})$

$a^0 = e$ （乗法単位元）

$a^{-n} = (a^n)^{-1}$ $(n \in \boldsymbol{N})$

定義

加法群 $(G;+)$ において，元 a の倍を次のように定義する。

$na = \overbrace{a + a + \cdots + a}^{n コ}$

$(n \in \boldsymbol{N})$

$0a = o$ （加法単位元）

$(-n)a = -(na)$ $(n \in \boldsymbol{N})$

《説明》 数の n 乗と同じ使い方であるが，指数が $-n$ の場合は注意しよう。
$$a^{-n} = (a^n)^{-1} = a^n \text{ の逆元}$$
である。肩についている "-1" は逆元の意味で，数の分数や割り算の意味とは異なる。　　　（説明終）

《説明》 数の何倍と同じ使い方であるが，$(-n)$ 倍のときは注意しよう。
$(-n)a = -(na) = na$ の加法逆元
である。はじめについている "$-$" は加法逆元の意味で，数の引き算の意味とは異なる。　　　（説明終）

定理 3.1.1

乗法群 $(G;\times)$ において，次の性質が成立する。$(m, n \in \boldsymbol{Z})$

(ⅰ) $(a^n)^{-1} = (a^{-1})^n$

(ⅱ) $a^m \cdot a^n = a^{m+n}$

(ⅲ) $(a^m)^n = a^{mn}$

定理 3.1.2

加法群 $(G;+)$ において，次の性質が成立する。$(m, n \in \boldsymbol{Z})$

(ⅰ) $-(na) = n(-a)$

(ⅱ) $ma + na = (m+n)a$

(ⅲ) $m(na) = (mn)a$

《説明》 いずれの性質も定義より導かれる。この定理により，乗法群も加法群も数と同じような表記ができることを示している。　　　（説明終）

§2 半群と群

=== 定義 ===

n 個の元をもつ有限乗法群 $(G;\times)$ が G のある元 a を使って
$$G=\{e, a, a^2, \cdots, a^{n-1}\}$$
と表せるとき，（有限）巡回群といい，a をその生成元という．

《説明》 G が n 個の元をもつ有限群のときは，
$$G\ni \forall x \text{ に対して } x^n=e$$
が成立する．a が生成元の場合には
$$a, a^2, a^3, \cdots, a^{n-1}$$
はすべて異なり，a^n がはじめて単位元 e となる．このことより，G を巡回群という．

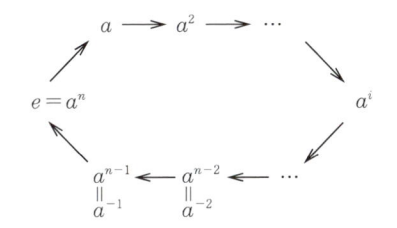

$$a \longrightarrow a^2 \longrightarrow \cdots$$
$$e=a^n \qquad\qquad a^i$$
$$a^{n-1} \longleftarrow a^{n-2} \longleftarrow \cdots$$
$$\|\ \ \qquad \|$$
$$a^{-1}\qquad a^{-2}$$

$(G;\times)$ が無限群で
$$G=\{\cdots, a^{-2}, a^{-1}, e, a, a^2, \cdots\}$$
の形をしている場合は，無限巡回群という．$a^n\ (n\in \mathbf{Z})$ はすべて異なった元である．たとえば
$$G=\{\cdots, 2^{-2}, 2^{-1}, 1, 2, 2^2, \cdots\}$$
$$=\{2^n \mid n\in \mathbf{Z}\}$$
のとき，$(G;\times)$ は 2 を生成元とする無限巡回群である． （説明終）

=== 定義 ===

n 個の元をもつ有限加法群 $(G;+)$ が G のある元 a を使って
$$G=\{o, a, 2a, \cdots, (n-1)a\}$$
と表せるとき，（有限）巡回群といい，a をその生成元という．

《説明》 G が n 個の元をもつ有限群のときは，
$$G\ni \forall x \text{ に対して } nx=o$$
が成立する．a が生成元の場合には
$$a, 2a, 3a, \cdots, (n-1)a$$
はすべて異なり，na がはじめて単位元 o となる．このことより，G を巡回群という．

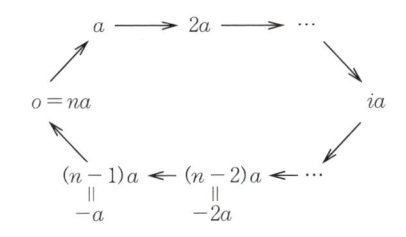

$$a \longrightarrow 2a \longrightarrow \cdots$$
$$o=na \qquad\qquad ia$$
$$(n-1)a \longleftarrow (n-2)a \longleftarrow \cdots$$
$$\|\ \ \qquad \|$$
$$-a\qquad -2a$$

$(G;+)$ が無限群で
$$G=\{\cdots, -2a, -a, o, a, 2a, \cdots\}$$
の形をしている場合は，無限巡回群という．$na\ (n\in \mathbf{Z})$ はすべて異なった元である．たとえば
$$G=\{\cdots, -2\cdot 2, -1\cdot 2, 0, 1\cdot 2, 2\cdot 2, \cdots\}$$
$$=\{n\cdot 2 \mid n\in \mathbf{Z}\}$$
のとき，$(G;+)$ は 2 を生成元とする無限巡回群である． （説明終）

例題 36

$G = \{1, -1, i, -i\}$ とし，"×" を通常の数の積とする．このとき，代数系 $(G;\times)$ は乗法群となる．

(1) 演算表をつくり，単位元および各元の逆元を求めてみよう．

(2) $(G;\times)$ は巡回群かどうかを調べてみよう．巡回群の場合は生成元をすべて求めてみよう．

[解] (1) 演算表は右の通り．

単位元は 1．

各元の逆元は演算表より

$1^{-1} = 1$, $(-1)^{-1} = -1$, $i^{-1} = -i$, $(-i)^{-1} = i$

×	1	−1	i	$-i$
1	1	−1	i	$-i$
−1	−1	1	$-i$	i
i	i	$-i$	−1	1
$-i$	$-i$	i	1	−1

（演算は通常の積なので a の逆元 a^{-1} は $\dfrac{1}{a}$ の計算でも同じ結果となる．）

(2) 各元を何回も演算させ，G のすべての元を生成するか調べていく．

- $1^1 = 1$ ∴ 1 は生成元ではない．
- $(-1)^1 = -1$, $(-1)^2 = 1$ ∴ −1 は生成元ではない．
- $i^1 = i$, $i^2 = -1$, $i^3 = -i$, $i^4 = 1$ ∴ i は生成元である．
- $(-i)^1 = -i$, $(-i)^2 = -1$, $(-i)^3 = i$, $(-i)^4 = 1$

 ∴ $-i$ は生成元である．

以上より $(G;\times)$ は 巡回群 であり，i と $-i$ はともに生成元である．

$$G = \{1, i, i^2, i^3\} \quad (i \text{ で生成})$$
$$G = \{1, -i, (-i)^2, (-i)^3\} \quad (-i \text{ で生成}) \qquad \text{(解終)}$$

練習問題 36　　　　　　　　　　　　　　　　　解答は p. 195

$\omega_1 = \dfrac{1}{2}(-1 + \sqrt{3}\,i)$, $\omega_2 = \dfrac{1}{2}(-1 - \sqrt{3}\,i)$ とし，$G = \{1, \omega_1, \omega_2\}$ とするとき，通常の積"×"について代数系 $(G;\times)$ は群である．

(1) 演算表をつくり，単位元および各元の逆元を求めなさい．

(2) $(G;\times)$ は巡回群かどうかを調べ，巡回群の場合には生成元をすべて求めなさい．

=== 例題 37 ===

$Z_3 = \{C_0, C_1, C_2\}$, $Z_3^* = \{C_1, C_2\}$ について
(1) $(Z_3 ; +)$ が加法巡回群であることを示し,生成元を求めてみよう.
(2) $(Z_3^* ; \times)$ が乗法巡回群であることを示し,生成元を求めてみよう.

解 各元を何回も演算させ,すべての元が生成されるかどうか調べればよい.
(1) 単位元は C_0 である.演算は + なので気をつけよう.

- $1C_0 = C_0$
- $1C_1 = C_1$, $2C_1 = C_1 + C_1 = C_2$, $3C_1 = C_1 + C_1 + C_1 = C_3 = C_0$
- $1C_2 = C_2$, $2C_2 = C_2 + C_2 = C_4 = C_1$, $3C_2 = C_2 + C_2 + C_2 = C_6 = C_0$

より
$$Z_3 = \{C_0, 1C_1, 2C_1\} \quad (C_1 \text{ で生成})$$
$$Z_3 = \{C_0, 1C_2, 2C_2\} \quad (C_2 \text{ で生成})$$

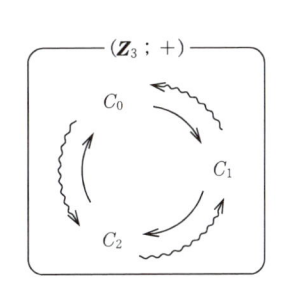

となり, C_1 または C_2 を生成元とする巡回群 である.

(2) 単位元は C_1 である.演算は $\times$.

- $C_1^1 = C_1$
- $C_2^1 = C_2$, $C_2^2 = C_2 \times C_2 = C_4 = C_1$

より
$$Z_3^* = \{C_1, C_2^1\} \quad (C_2 \text{ で生成})$$

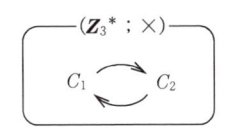

となり, C_2 を生成元とする巡回群 である.

(解終)

=== 練習問題 37 === 解答は p.196

$Z_4 = \{C_0, C_1, C_2, C_3\}$, $Z_4^* = \{C_1, C_3\}$ について
(1) $(Z_4 ; +)$ が加法巡回群であることを示し,生成元を求めなさい.
(2) $(Z_4^* ; \times)$ が乗法巡回群であることを示し,生成元を求めなさい.

群・環・体

19世紀以前の代数学の中心は，整数を係数にもつ方程式―代数方程式―を解くことでした。ここで，「方程式を解く」ということは，解を方程式の係数を使って，＋，－，×，÷と$\sqrt[n]{}$のみで表す，つまり「代数的に解く」ことです。

ラグランジュ（1736～1813）は解の置換を考えることにより方程式の解法を発見しようとし，コーシー（1789～1857）は置換の概念を大きく前進させました。

5次以上の一般の代数方程式は代数的に解けないことはガウス（1777～1855）も確信してはいたようですが，完全にその不可能性を証明したのはアーベル（1802～1829）です。彼は証明の中で，置換に関する結果を方程式の解の集合に適用しました。可換群をアーベル群というのは彼の名前に由来したものです。同時代の天才ガロア（1811～1832）は代数方程式と解の置換のつくる群との関係の概略を決闘に行く直前に急いで記したのですが，当時の数学者たちには難解で理解されなかったようです。彼は**"群"**という言葉を使ってはいましたが，単なる集合程度の意味でした。群の概念を公理化したのはダイク（1856～1934）とウェーバー（1842～1913）です。本書で学んでいる置換の考え方は，群の発想の源となったのでした。

群の概念が成熟するまでには長い年月がかかりましたが，**"体"**の概念は1830年ごろ，ガロアによって示唆されていました。それは$x^2 \equiv a \pmod{p}$の形をした合同方程式に解がない場合，$x^2+1=0$の解としてiをつくったように，この解をつくってみたらどうだろうと，体のアイデアを得たそうです。

体の概念を公理化したのもウェーバーです。また，**"環"**の考え方は1870年前後にアメリカの数学者パース（1809～1880）により考え出されました。

代数方程式を解くということから始まった代数学は，集合に構造を与え，1900年ごろまでには，演算を伴う集合―代数系―の数学的構造の研究分野となったのです。

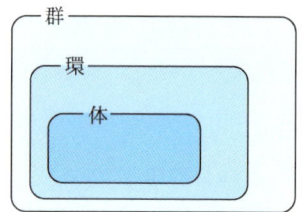

4 対称群

第2章 §2 の **2** (p.60) において勉強したように，n 次の置換とは
$$A = \{1, 2, 3, \cdots, n\} \text{ 上の全単射写像}$$
であった．n 次の置換を σ とし，$i \in A$ の σ による写像先を $\sigma(i)$ と書くと，
$$\sigma = \begin{pmatrix} 1 & 2 & \cdots & n \\ \sigma(1) & \sigma(2) & \cdots & \sigma(n) \end{pmatrix}$$
のように表せる．

ここでは置換の集合を代数系として扱おう．

定義

n 次の置換全体 S_n を n 次の**対称群**という．

《説明》 $A = \{1, 2, \cdots, n\}$ 上の全単射写像，つまり置換は n 個の数の並べ換えの総数だけ存在するので $n!$ 個ある．これらの置換どうしは写像の合成という演算 "$\circ$" が定義されていた．そこで，代数系 $(S_n ; \circ)$ を考えると，これが群となることが一般的に示される．

$H \subseteqq S_n$ で代数系 $(H ; \circ)$ が群となるとき，H を**置換群**という．S_n 自身も置換群である．

例題と練習問題で具体的にみてみよう． (説明終)

演算 "$\circ$" は省略して
$\sigma\varphi$
とかくことも多いわよ．

$(S_n ; \circ)$ 対称群

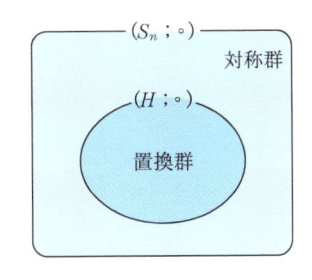

$(H ; \circ)$ 置換群

3次の対称群 S_3 の6つの元に次のように記号をつけておく。

$$\varepsilon = \begin{pmatrix} 1 & 2 & 3 \\ 1 & 2 & 3 \end{pmatrix}, \quad \sigma_1 = \begin{pmatrix} 1 & 2 & 3 \\ 1 & 3 & 2 \end{pmatrix}, \quad \sigma_2 = \begin{pmatrix} 1 & 2 & 3 \\ 3 & 2 & 1 \end{pmatrix}$$

$$\sigma_3 = \begin{pmatrix} 1 & 2 & 3 \\ 2 & 1 & 3 \end{pmatrix}, \quad \varphi_1 = \begin{pmatrix} 1 & 2 & 3 \\ 2 & 3 & 1 \end{pmatrix}, \quad \varphi_2 = \begin{pmatrix} 1 & 2 & 3 \\ 3 & 1 & 2 \end{pmatrix}$$

例題 38

$A_3 = \{\varepsilon, \varphi_1, \varphi_2\}$ とするとき，$(A_3 ; \circ)$ は置換群となる。
（1） A_3 の演算表をつくってみよう。
（2） 各元の逆元を求めてみよう。
（3） $(A_3 ; \circ)$ は巡回群であるかどうかを調べてみよう。

解 置換の積 $\circ$ は右から演算させるので注意。
（1） ε は恒等置換である。

$$\varepsilon \circ \varepsilon = \varepsilon, \quad \varepsilon \circ \varphi_i = \varphi_i \circ \varepsilon = \varphi_i \quad (i = 1, 2)$$

これより ε は単位元である。

他の元の積 $\circ$ について計算すると

$$\varphi_1 \circ \varphi_1 = \begin{pmatrix} 1 & 2 & 3 \\ 2 & 3 & 1 \end{pmatrix} \begin{pmatrix} 1 & 2 & 3 \\ 2 & 3 & 1 \end{pmatrix}$$

$$= \begin{pmatrix} 1 & 2 & 3 \\ 3 & 1 & 2 \end{pmatrix} = \varphi_2$$

$$\varphi_2 \circ \varphi_1 = \begin{pmatrix} 1 & 2 & 3 \\ 3 & 1 & 2 \end{pmatrix} \begin{pmatrix} 1 & 2 & 3 \\ 2 & 3 & 1 \end{pmatrix} = \begin{pmatrix} 1 & 2 & 3 \\ 1 & 2 & 3 \end{pmatrix} = \varepsilon$$

$$\varphi_1 \circ \varphi_2 = \begin{pmatrix} 1 & 2 & 3 \\ 2 & 3 & 1 \end{pmatrix} \begin{pmatrix} 1 & 2 & 3 \\ 3 & 1 & 2 \end{pmatrix} = \begin{pmatrix} 1 & 2 & 3 \\ 1 & 2 & 3 \end{pmatrix} = \varepsilon$$

$$\varphi_2 \circ \varphi_2 = \begin{pmatrix} 1 & 2 & 3 \\ 3 & 1 & 2 \end{pmatrix} \begin{pmatrix} 1 & 2 & 3 \\ 3 & 1 & 2 \end{pmatrix} = \begin{pmatrix} 1 & 2 & 3 \\ 2 & 3 & 1 \end{pmatrix} = \varphi_1$$

よって右の演算表を得る。

p.61〜p.62 を復習してね。

$\circ$	ε	φ_1	φ_2
ε	ε	φ_1	φ_2
φ_1	φ_1	φ_2	ε
φ_2	φ_2	ε	φ_1

（2） 逆元は演算表から求めても，逆対応から求めてもよい。
演算表より φ_i に対して
$$\varphi_i \circ \varphi_j = \varphi_j \circ \varphi_i = \varepsilon$$
となる φ_j を見つければ $\varphi_i^{-1} = \varphi_j$ である。

$$\varepsilon^{-1} = \varepsilon, \quad \varphi_1^{-1} = \varphi_2, \quad \varphi_2^{-1} = \varphi_1$$

$$\sigma = \begin{pmatrix} 1 & 2 & 3 \\ \sigma(1) & \sigma(2) & \sigma(3) \end{pmatrix}$$
のとき
$$\sigma^{-1} = \begin{pmatrix} \sigma(1) & \sigma(2) & \sigma(3) \\ 1 & 2 & 3 \end{pmatrix}$$

（3） 各元を順次演算させてみると，

- $\varepsilon^1 = \varepsilon$
- $\varphi_1^1 = \varphi_1, \quad \varphi_1^2 = \varphi_1 \circ \varphi_1 = \varphi_2, \quad \varphi_1^3 = \varphi_1^2 \circ \varphi_1 = \varphi_2 \circ \varphi_1 = \varepsilon$
- $\varphi_2^1 = \varphi_2, \quad \varphi_2^2 = \varphi_2 \circ \varphi_2 = \varphi_1, \quad \varphi_2^3 = \varphi_2^2 \circ \varphi_2 = \varphi_1 \circ \varphi_2 = \varepsilon$

ゆえに
$$A_3 = \{\varepsilon, \varphi_1, \varphi_1^2\} \quad (\varphi_1 で生成)$$
$$A_3 = \{\varepsilon, \varphi_2, \varphi_2^2\} \quad (\varphi_2 で生成)$$

となるので，$(A_3 ; \circ)$ は φ_1 または φ_2 を生成元とする 巡回群である 。

(解終)

《説明》 3 次の対称群 S_3 の部分集合 A_3 は 3 次の 交代群 とよばれ，S_3 の中でも特別な性質をもった置換群となっている。また，S_3 においては A_3 の他に

$$\{\varepsilon\}, \{\varepsilon, \sigma_1\}, \{\varepsilon, \sigma_2\}, \{\varepsilon, \sigma_3\}, S_3$$

も置換群である。 (説明終)

練習問題 38　　　　　　　　　　　　　　解答は p. 196

$S_3 = \{\varepsilon, \sigma_1, \sigma_2, \sigma_3, \varphi_1, \varphi_2\}$ とするとき，$(S_3 ; \circ)$ は群である。

（1） 演算表をつくりなさい。
（2） $\sigma_1^{-1}, \sigma_2^{-1}, \sigma_3^{-1}$ を求めなさい。
（3） $(S_3 ; \circ)$ は巡回群であるかどうかを調べなさい。

§3 環と体

いままで，1つの集合に対して1つの演算だけを考えて，代数系を考えてきた。ここでは1つの集合に2つの演算を考えた代数系を取り扱おう。

1 環

定義

集合 R に2つの演算 $+$ と $\times$ が定義され，次の性質をみたすとき，代数系 $(R\,;+,\times)$ を**環**という。

(R1)　$(R\,;+)$ は可換群である。

(R2)　$(R\,;\times)$ は半群である。

(R3)　分配律
$$a\times(b+c)=a\times b+a\times c$$
$$(a+b)\times c=a\times c+b\times c$$
が成立する。

> 環は英語で ring

《説明》 2つの演算 $+$ と $\times$ は加法的演算，乗法的演算の意味である。

(R1) は，$+$ について交換律
$$a+b=b+a$$
が成立する群であることを示している。

(R2) は，$\times$ について結合律
$$a\times(b\times c)=(a\times b)\times c$$
が成立することを示している。

特に $\times$ について交換律
$$a\times b=b\times a$$
が成立するとき，**可換環**という。

また，**加法単位元** o（ゼロ元）と異なる乗法単位元 e をもつとき，単位元をもつ環という。

(説明終)

"$+$" について群

(G1)　$a+(b+c)=(a+b)+c$

(G2)　ゼロ元 o が存在して
$$a+o=o+a=a$$
が成立

(G3)　a に対して逆元 $-a$ が存在

例題 39

$Z_3 = \{C_0, C_1, C_2\}$ について，代数系 $(Z_3; +, \times)$ は環であるかどうかを調べてみよう．

解 (R1) 例題 35 (p.76) より $(Z_3; +)$ は群であり，交換律も成立するので可換群である．また，加法単位元（ゼロ元）は C_0 である．

(R2) $\times$ については例題 35 より結合律が成立するので $(R; \times)$ は半群である．

(R3) 分配律について
$$C_a \times (C_b + C_c) = C_a \times C_{b+c} = C_{a \times (b+c)}$$
$$= C_{a \times b + a \times c} = C_{a \times b} + C_{a \times c}$$
$$= C_a \times C_b + C_a \times C_c$$
$$(C_a + C_b) \times C_c = C_{a+b} \times C_c = C_{(a+b) \times c}$$
$$= C_{a \times c + b \times c} = C_{a \times c} + C_{b \times c}$$
$$= C_a \times C_c + C_b \times C_c$$

より成立する．

さらに $\forall C_i \in Z_3$ について
$$C_i \times C_1 = C_1 \times C_i = C_i$$

より，C_1 が乗法単位元なので，$(Z_3; +, \times)$ は単位元をもつ環である．　　　　　　　　（解終）

──剰余類の演算──
$C_a + C_b \stackrel{\text{def}}{=} C_{a+b}$
$C_a \times C_b \stackrel{\text{def}}{=} C_{a \times b}$
── p.67 ──

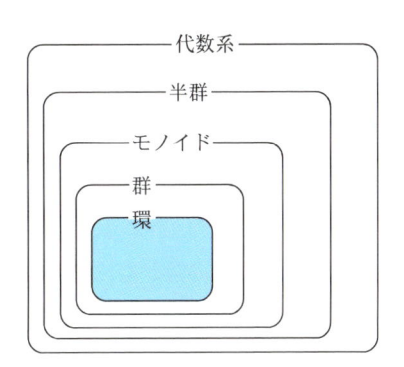

代数系 ⊃ 半群 ⊃ モノイド ⊃ 群 ⊃ 環

練習問題 39　　　　　　　　　　　　解答は p.196

$G = \{n \mid n = 3k, k \in Z\}$ について，代数系 $(G; +, \times)$ は環であることを示しなさい．また，単位元をもつ環かどうかを調べなさい．

2 体

環に，さらに乗法についての条件を加えた代数系を考えてみよう．

定義

集合 F に 2 つの演算 $+$ と $\times$ が定義され，次の性質をみたすとき，代数系 $(F; +, \times)$ を**体**という．

(F1) $(F; +)$ は可換群である．（加法単位元を o とする）

(F2) $F^* = F - \{o\}$ （F より o を除いた集合）について $(F^*; \times)$ は群である．

(F3) 分配律
$$(a + b) \times c = a \times c + b \times c$$
$$a \times (b + c) = a \times b + a \times c$$
が成立する．

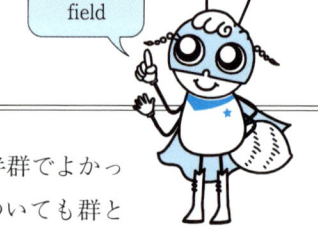

体は英語で field

《説明》 環の定義は，乗法 "$\times$" については半群でよかった．体の場合は，o 以外の元は乗法 "$\times$" についても群とならなければならない．したがって，体は必ず乗法単位元 e をもっている．

$(\mathbf{Z}; +, \times)$ は環であるが，体とはならない．$(\mathbf{Q}; +, \times)$，$(\mathbf{R}; +, \times)$，$(\mathbf{C}; +, \times)$ は体となるので

$\mathbf{Z}$：整数環
$\mathbf{R}$：実数体
$\mathbf{Q}$：有理数体
$\mathbf{C}$：複素数体

ともよばれる．

また，特に元の数が有限である体を**有限体**という． （説明終）

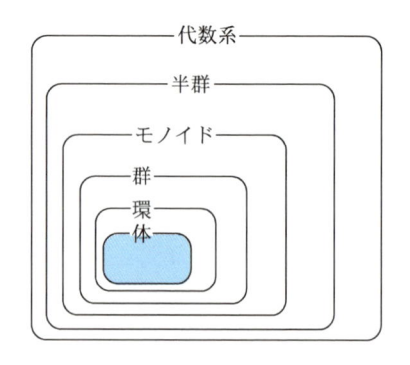

例題 40

（1） $Z_3 = \{C_0, C_1, C_2\}$ について，$(Z_3 ; +, \times)$ が体になるかどうかを調べてみよう。

（2） $G = \{n \mid n = 3k, k \in Z\}$ について，$(G ; +, \times)$ が体になるかどうかを調べてみよう。

解 例題39，練習問題39（p.87）より，$(Z_3 ; +, \times)$ と $(G ; +, \times)$ はともに環である。ゆえに，体の定義における（F1）と（F3）は成立しているので，残りの条件（F2）のみを調べればよい。

（1） Z_3 の加法単位元（ゼロ元）は C_0 なので
$$Z_3{}^* = Z_3 - \{C_0\} = \{C_1, C_2\}$$
とおく。例題35（p.76）より $(Z_3{}^* ; \times)$ は群なので，（F2）が成立する。
ゆえに，$(Z_3 ; +, \times)$ は 体である。

（2） G の加法単位元（ゼロ元）は 0 なので
$$G^* = G - \{0\}$$
とおくと，$(G^* ; \times)$ は群ではない。

∵) もし G^* に乗法単位元 e が存在すると仮定すると
$$G^* \ni \forall n, \quad n \times e = e \times n = n$$
が成立する。$n = 3k \ (k \in Z, k \neq 0)$ とすると
$$(3k) \times e = e \times (3k) = 3k \quad \therefore \quad e = 1$$
しかし $1 \notin G^*$ なので矛盾する。
ゆえに G^* には乗法単位元は存在しない。

したがって（F2）は成立しないので $(G ; +, \times)$ は 体ではない。　　（解終）

練習問題 40　　解答は p.197

（1） $Z_4 = \{C_0, C_1, C_2, C_3\}$ について $(Z_4 ; +, \times)$ は体になるかどうかを調べなさい。

（2） $C = \{Z \mid Z = a + bi, \ a, b \in R\}$ について，$(C ; +, \times)$ は体になるかどうかを調べなさい。

3 多項式環

ここでは，体の元を係数にもつ多項式を考えてみよう。

> **定義**
>
> F を体とし，体の元を係数にもつ多項式
> $$f(x) = a_n x^n + a_{n-1} x^{n-1} + \cdots + a_1 x + a_0$$
> $$(a_i \in F,\ i = 1, 2, \cdots, n,\ a_n \neq 0)$$
> を **F 上の多項式** といい，n をその **次数** という。また F を **係数体** という。

《説明》 係数が実数の場合の多項式と同じである。多項式の和や積も同様に定義されるが，係数が体 F の元なので少し注意が必要となる。 (説明終)

=== 例題 41 ===

$\mathbf{Z}_2 = \{C_0, C_1\} = \{0, 1\}$ と表すとする。$\mathbf{Z}_2$ 上の多項式
$$f(x) = x^2 + x + 1, \quad g(x) = x + 1$$
について，和 $f(x) + g(x)$，積 $f(x) \times g(x)$ を求め，係数を $\mathbf{Z}_2$ の元で表してみよう。

解 $\mathbf{Z}_2$ の $+$ と $\times$ の演算表は右の通り。

+	0	1
0	0	1
1	1	0

×	0	1
0	0	0
1	0	1

$$\begin{aligned}
f(x) + g(x) &= (x^2 + x + 1) + (x + 1) \\
&= x^2 + (1+1)x + (1+1) \\
&= x^2 + 0x + 0 = \boxed{x^2} \\
f(x) \times g(x) &= (x^2 + x + 1)(x + 1) \\
&= x^3 + x^2 + x^2 + x + x + 1 \\
&= x^3 + (1+1)x^2 + (1+1)x + 1 \\
&= x^3 + 0x^2 + 0x + 1 = \boxed{x^3 + 1}
\end{aligned}$$

(計算においては，積の記号 × は省略してある。) (解終)

練習問題 41 解答は p.197

$\mathbf{Z}_3 = \{C_0, C_1, C_2\} = \{0, 1, 2\}$ と表すとする。$\mathbf{Z}_3$ 上の多項式
$$f(x) = x^2 + 2, \quad g(x) = 2x + 1$$
について，和 $f(x) + g(x)$，積 $f(x) \times g(x)$ を求めなさい。

定義

F を体とし，F 上の多項式全体を
$$F[X] = \{f(x) \mid f(x) = a_n x^n + a_{n-1} x^{n-1} + \cdots + a_1 x + a_0,$$
$$a_i \in F, \quad n = 0, 1, 2, \cdots\}$$

とおく。$F(x) \ni f(x), g(x)$ に対し
$$f(x) = a_n x^n + a_{n-1} x^{n-1} + \cdots + a_1 x + a_0$$
$$g(x) = b_n x^n + b_{n-1} x^{n-1} + \cdots + b_1 x + b_0$$

と次数をそろえて表示し，
$$f(x) + g(x) = (a_n + b_n) x^n + (a_{n-1} + b_{n-1}) x^{n-1} + \cdots$$
$$+ (a_1 + b_1) x + (a_0 + b_0)$$
$$f(x) \times g(x) = (a_n \times b_n) x^{2n} + (a_n \times b_{n-1} + a_{n-1} \times b_n) x^{2n-1}$$
$$+ (a_n \times b_{n-2} + a_{n-1} \times b_{n-1} + a_{n-2} \times b_n) x^{2n-2} + \cdots$$
$$+ (a_1 \times b_0 + a_0 \times b_1) x + a_0 \times b_0$$

と $+$ と $\times$ を定めるとき，$(F[X]; +, \times)$ を **F 上の多項式環** という。

《説明》 体 F 上の多項式全体が $F[X]$ であり，多項式どうしの積と和は通常の多項式の積と和と同じように計算してよい。このように $+$ と $\times$ を定義しておくと $(F[X]; +, \times)$ は環の定義

(R1) $(F[X]; +)$ は可換群

- ゼロ元は $O(x) = o$ （すべての係数が F のゼロ元 o である多項式）
- $f(x) = a_n x^n + a_{n-1} x^{n-1} + \cdots + a_1 x + a_0$ の加法逆元 $-f(x)$ は，係数をすべて加法逆元に置き換えた多項式

$$-f(x) = (-a_n) x^n + (-a_{n-1}) x^{n-1} + \cdots + (-a_1) x + (-a_0)$$

(R2) $(F[X]; \times)$ は半群

(R3) 分配律が成立

をみたすので，**多項式環** とよぶ。

なお，多項式の計算では普通の計算と同じように，積の記号 $\times$ は省略したり，"$\cdot$" を使って示すこともある。（説明終）

> 係数の演算は体 F での演算となるのね。

例題 42

$Z_2 = \{0, 1\}$ 上の多項式環を $(Z_2[X]; +, \times)$ とする。$Z_2[X]$ の元
$$f(x) = x^2 + x + 1, \quad g(x) = x + 1$$
について
（1） $f(x)$ と $g(x)$ の加法逆元 $-f(x), -g(x)$ をそれぞれ求めてみよう。
（2） $f(x)$ を $g(x)$ で割ったときの商 $q(x)$ と余り $r(x)$ を求めてみよう。

解 多項式の和や差，割り算などは普通に行ってよいが，係数体が Z_2 なので演算結果の係数はすべて mod. 2 で考え，Z_2 の元で表しておく。例題 41（p. 90）の演算表を参照してもよい。

（1） 多項式の加法逆元は，係数を加法逆元に変えた多項式である。
$$-f(x) = (-1)x^2 + (-1)x + (-1) = \boxed{x^2 + x + 1}$$
$$-g(x) = (-1)x + (-1) = \boxed{x + 1}$$

（2） 普通に割り算をすると，右の計算より
$$x^2 + x + 1 = x(x + 1) + 1$$
とかけ，

$$\text{商} \quad q(x) = \boxed{x}$$
$$\text{余り} \quad r(x) = \boxed{1}$$

である。 （解終）

整除の定理

$f(x), g(x)$ に対し
$$f(x) = q(x)g(x) + r(x)$$
（$r(x)$ の次数 $< g(x)$ の次数）
となる $q(x), r(x)$ がただ 1 通りに定まる。

練習問題 42　　　　　　　　　　　　　　解答は p. 197

$Z_3 = \{0, 1, 2\}$ 上の多項式環 $(Z_3[X]; +, \times)$ の 2 つの元
$$f(x) = 2x^2 + 2x + 1, \quad g(x) = 2x + 1$$
について，
（1） $f(x)$ と $g(x)$ の加法逆元 $-f(x), -g(x)$ をそれぞれ求めなさい。
（2） $f(x)$ を $g(x)$ で割ったときの商 $q(x)$ と余り $r(x)$ を求めなさい。

=== 例題 43 ===

$\mathbf{Z}_2$ 上の多項式環 $(\mathbf{Z}_2[X]\,;+,\times)$ において
$$p(x) = x^2 + x + 1$$
とする。

(1) $\mathbf{Z}_2[X] \ni \forall f(x)$ に対して $f(x)$ を $p(x)$ で割ったときの余り $r(x)$ はいくつ考えられるか。

(2) $\mathbf{Z}_2[X] \ni f(x), g(x)$ に対し
$$f(x) \equiv g(x) \;(\text{mod.}\, p(x))$$
$$\stackrel{\text{def}}{\Leftrightarrow}\; f(x) - g(x) \text{ は } p(x) \text{ で割り切れる}$$
とすると，この関係 $\equiv (\text{mod.}\, p(x))$ は $\mathbf{Z}_2[X]$ 上の同値関係となる。すべての同値類を求めてみよう。

(3) $f(x) = x^3,\; g(x) = x^4$ はそれぞれどの類に入っているか調べてみよう。

(4) (2) で求めた同値類について，$+$ と $\times$ の演算表をつくってみよう。

解 (1) 整除の定理より，余りの次数は $p(x)$ の次数より小さいので，$r(x)$ の次数は 1 次か 0 次である。考えられる多項式は

 次数が 1 次の $r(x)$： $x,\; x+1$

 次数が 0 次の $r(x)$： $0,\; 1$

なので **4つ** 考えられる。

(2) $r(x)$ を (1) で求めたいずれかの多項式とすると，$\mathbf{Z}_2[X] \ni f(x)$ に対し，
$$f(x) = q(x)p(x) + r(x)$$
 (ただし，$r(x)$ の次数 $< p(x)$ の次数)

と表されるので
$$f(x) \equiv r(x) \;(\text{mod.}\, p(x))$$
である。また (1) で求めた 4 つの多項式はお互いに mod. $p(x)$ で合同にならない。

（係数は $\mathbf{Z}_2 = \{0, 1\}$ の元なので気をつけてね。）

（解は次頁へつづく）

これより同値類は

$$C_0 = \{f(x) \mid f(x) = q(x)p(x) + 0, \ q(x) \in \mathbf{Z}_2[X]\}$$
$$C_1 = \{f(x) \mid f(x) = q(x)p(x) + 1, \ q(x) \in \mathbf{Z}_2[X]\}$$
$$C_x = \{f(x) \mid f(x) = q(x)p(x) + x, \ q(x) \in \mathbf{Z}_2[X]\}$$
$$C_{x+1} = \{f(x) \mid f(x) = q(x)p(x) + (x+1), \ q(x) \in \mathbf{Z}_2[X]\}$$

の4つ。

(3) $f(x) = x^3$ を $p(x) = x^2 + x + 1$ で割ってみると

$$x^3 = (x-1)(x^2 + x + 1) + 1$$
$$= (x+1)(x^2 + x + 1) + 1$$
$$\therefore \ x^3 \equiv 1 \ (\text{mod}.\ p(x))$$
$$\therefore \ x^3 \in C_1$$

次に $g(x) = x^4$ を $p(x) = x^2 + x + 1$ で割ってみると

$$x^4 = (x^2 - x)(x^2 + x + 1) + x$$
$$= (x^2 + x)(x^2 + x + 1) + x$$
$$\therefore \ x^4 \equiv x \ (\text{mod}.\ p(x))$$
$$\therefore \ x^4 \in C_x$$

(4) 数の剰余類と同様に計算すればよいが係数は mod. 2 で，多項式は mod. $p(x)$ で考える。

$$x \cdot x = x^2 = 1 \cdot (x^2 + x + 1) + (-x - 1)$$
$$\equiv -x - 1 \equiv x + 1 \ (\text{mod}.\ p(x))$$
$$x(x+1) = x^2 + x = 1 \cdot (x^2 + x + 1) - 1$$
$$\equiv -1 \equiv 1 \ (\text{mod}.\ p(x))$$
$$(x+1)^2 = x^2 + 2x + 1 = x^2 + 1 = 1 \cdot (x^2 + x + 1) - x$$
$$\equiv -x \equiv x \ (\text{mod}.\ p(x))$$

などより，演算表は下の通り。

+	C_0	C_1	C_x	C_{x+1}
C_0	C_0	C_1	C_x	C_{x+1}
C_1	C_1	C_0	C_{x+1}	C_x
C_x	C_x	C_{x+1}	C_0	C_1
C_{x+1}	C_{x+1}	C_x	C_1	C_0

×	C_0	C_1	C_x	C_{x+1}
C_0	C_0	C_0	C_0	C_0
C_1	C_0	C_1	C_x	C_{x+1}
C_x	C_0	C_x	C_{x+1}	C_1
C_{x+1}	C_0	C_{x+1}	C_1	C_x

(解終)

《説明》 $p(x) = x^2 + x + 1$ は $\mathbf{Z}_2$ 上ではもう1次式に分解できない。このような多項式を **既約多項式** という。多項式環 $\mathbf{Z}_2[X]$ の中の既約多項式 $p(x)$ は整数環 $\mathbf{Z}$ の中の素数 p に対応している。ともに mod. p, mod. $p(x)$ で類別すると体となる。 (説明終)

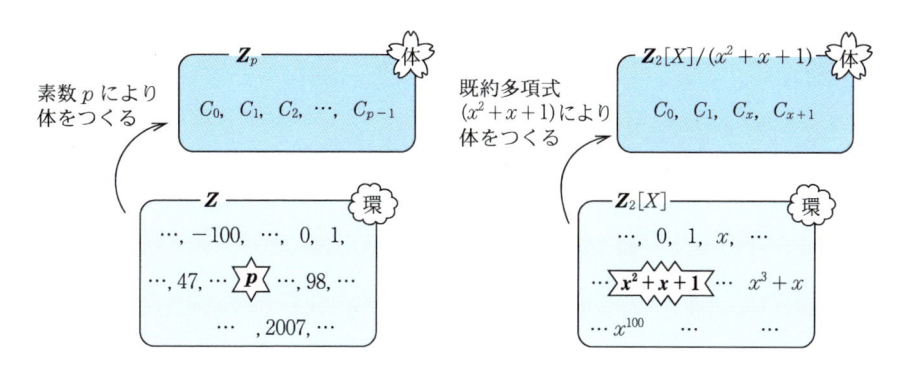

```
      ┌─ Zp ──────────────┐ 体          ┌─ Z₂[X]/(x²+x+1) ─┐ 体
      │  C₀, C₁, C₂, ⋯, C_{p-1} │          │  C₀, C₁, Cₓ, C_{x+1}  │
素数 p により                              既約多項式
体をつくる                                (x²+x+1) により
                                          体をつくる
      ┌─ Z ──────────────┐ 環          ┌─ Z₂[X] ──────────┐ 環
      │  ⋯, -100, ⋯, 0, 1,   │          │  ⋯, 0, 1, x, ⋯      │
      │  ⋯, 47, ⋯ 《p》⋯, 98, ⋯ │          │  ⋯《x²+x+1》⋯ x³+x    │
      │        , 2007, ⋯    │          │  ⋯ x¹⁰⁰  ⋯          │
```

練習問題 43   解答は p. 198

$\mathbf{Z}_3$ 上の多項式環 $(\mathbf{Z}_3[X]\,;\,+,\times)$ において，
$$p(x) = x^2 + 1$$
とする。例題43と同様に mod. $p(x)$ により $\mathbf{Z}_3[X]$ の剰余類を考えるとき，次の問に答えなさい。

（1） 同値類をすべて求めなさい。

（2） $f(x) = x^3$，$g(x) = 2x^2 + x$ はそれぞれどの類の元かを調べなさい。

（3） $f(x) + g(x)$，$f(x) \times g(x)$ はそれぞれどの類の元かを調べなさい。

暗号とオイラーの定理

$\{1, 2, \cdots, n\}$ の中で n と互いに素（共通の素因数をもたない）である数の個数を $\varphi(n)$ で表し，φ を**オイラーの関数**といいます。たとえば，$\varphi(4) = 2$, $\varphi(7) = 6$, $\varphi(10) = 4$ などです。特に

> [オイラーの定理]
> 整数 a と自然数 n について，a と n が互いに素なとき
> $$a^{\varphi(n)} \equiv 1 \pmod{n}$$
> が成立する。

素数 p に対しては　$\varphi(p) = p - 1$

異なる素数 p, q に対しては　$\varphi(pq) = (p-1)(q-1)$

が成り立ちます。そして，[**オイラーの定理**] が成り立っています。特に n が素数 p のときは [**フェルマーの小定理**] と呼ばれています。

最も安全といわれる RSA 暗号は，整数の剰余類の理論とオイラーの関数を使って，次のように，暗号化鍵（公開鍵）と復号化鍵（秘密鍵）を定めます。

***鍵の生成**：自然数 n, e, d を次の (1), (2), (3) をみたすようにとる。

(1)　異なる素数 p, q により $n = pq$

(2)　$\varphi(n) = (p-1)(q-1)$ と互いに素な e

(3)　$ed \equiv 1 \pmod{\varphi(n)}$ となる d

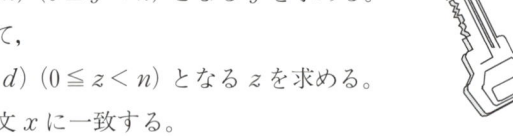

> n, e：暗号化鍵（公開鍵）
> d (or p, q)：復号化鍵
> 　　　　　　　（秘密鍵）

***暗号化**：自然数に変換した平文 x に対し，
$$y \equiv x^e \pmod{n} \quad (0 \leq y < n) \text{ となる } y \text{ を求める。}$$

***復号化**：暗号文 y に対して，
$$z \equiv y^d \pmod{d} \quad (0 \leq z < n) \text{ となる } z \text{ を求める。}$$
z はもとの平文 x に一致する。

RSA 暗号の $n = pq$ において，2 つの素数 p, q から n をつくることは簡単ですが，n から素数 p, q を求めることは現在のコンピュータの能力では非常に難しいということが，この暗号の安全性の基になっています。安全のためには 300 桁以上の n が推奨されています。

第4章
順序集合と束

順序関係から
ブール代数を
つくっていきます。

§1 順　　序

1 半順序と全順序

実数には $3 \leqq 5$ のような大小関係が入っている。この関係を一般の集合へ拡張してみよう。

定義

集合 A 上の関係 R が次の性質をみたすとき，**半順序**（関係）という。
(ⅰ) [**反 射 律**]　$\forall a \in A$ に対して aRa
(ⅱ) [**反対称律**]　aRb and $bRa \Rightarrow a = b$
(ⅲ) [**推 移 律**]　aRb and $bRc \Rightarrow aRc$

《説明》　"半順序"は単に"順序"という場合もあるが，次に出てくる"全順序（関係）"と区別するために，本書では半をつけておくことにする。

半順序は 2 項関係の 1 つであり，上の定義の [反射律]，[反対称律]，[推移律] は，有向グラフで表すと次の性質であった。

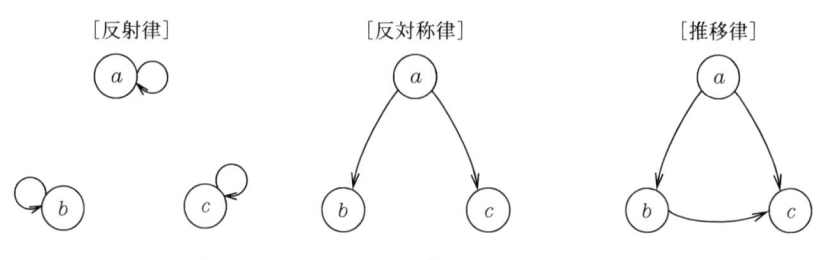

[反射律]　　　　　　　　[反対称律]　　　　　　　　[推移律]

すべての元はループを　　両方の矢印 $\rightleftarrows$ がつい　　矢印をたどって行ける
もっている。　　　　　　ているところはない。　　　2 つの元には，直接矢
　　　　　　　　　　　　　　　　　　　　　　　　　印がついている。

集合 A に半順序 R が定義されているとき，$(A ; R)$ を**半順序集合**という。半順序集合に属する 2 つの元には，半順序の関係があってもなくてもよい。半順序の関係がついている元どうしを**比較可能**であるといい，ついていない元どうしは**比較不可能**であるという。

例題と練習問題で具体的にみてみよう。　　　　　　　　　　　　　（説明終）

例題 44

$E = \{a, b\}$ とし，E の部分集合全体を $\mathcal{P}(E)$ とする。
(1) $\mathcal{P}(E)$ を求めてみよう。
(2) $\mathcal{P}(E)$ の元どうし，包含関係 $\subseteqq$ が成り立つかどうか調べてみよう。

解 (1) E の部分集合には ϕ（空集合）と E 自身も入るので気をつけよう。
$$\mathcal{P}(E) = \{\phi, \{a\}, \{b\}, E\}$$

(2) $\mathcal{P}(E)$ の元を $\subseteqq$ で関係づけてみると

$\phi \subseteqq \phi, \ \phi \subseteqq \{a\}, \ \phi \subseteqq \{b\}, \ \phi \subseteqq E$
$\{a\} \subseteqq \{a\}, \ \{a\} \subseteqq E$
$\{b\} \subseteqq \{b\}, \ \{b\} \subseteqq E$
$E \subseteqq E$

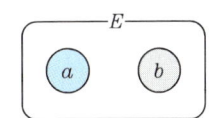

となる。$\{a\}$ と $\{b\}$ との間には包含関係はないので比較不可能である。（解終）

《説明》 一般に，集合 E の部分集合全体 $\mathcal{P}(E)$ について $(\mathcal{P}(E) ; \subseteqq)$ は半順序集合であり，$\subseteqq$ で関係づけられない部分集合は比較不可能である。

（説明終）

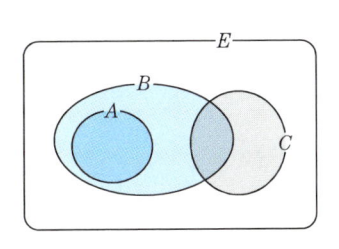

左の図では $A \subseteqq B$ なので A と B は比較可能，A と C，B と C は比較不可能よ。

練習問題 44　　解答は p. 198

$E = \{a, b, c\}$ とし，E の部分集合全体を $\mathcal{P}(E)$ とする。
(1) $\mathcal{P}(E)$ を求めなさい。
(2) $\mathcal{P}(E)$ の元どうし，包含関係 $\subseteqq$ が成り立つかどうか調べ，比較不可能な元があればそれらを求めなさい。

例題 45

D_{12} を 12 の正の約数全体の集合とする。D_{12} において関係 | を
$$m \mid n \overset{\text{def}}{\Leftrightarrow} m \text{ は } n \text{ の約数}$$
と定義すると，$(D_{12}\,;\,\mid)$ は半順序集合となる。

（1） D_{12} の元を求めてみよう。

（2） 関係 $m \mid n$ が成立するとき，$m \leqq n$ と書いて示してみよう。

（3） 比較不可能な元を求めてみよう。

解 （1） $D_{12} = \{1, 2, 3, 4, 6, 12\}$

（2） m は n の約数 $\Leftrightarrow$ n は m の倍数 なので，

$1\mid 1,\ 1\mid 2,\ 1\mid 3,\ 1\mid 4,\ 1\mid 6,\ 1\mid 12$
$\qquad\qquad\qquad\Rightarrow\ 1\leqq 1,\ 1\leqq 2,\ 1\leqq 3,\ 1\leqq 4,\ 1\leqq 6,\ 1\leqq 12$

$2\mid 2,\ 2\mid 4,\ 2\mid 6,\ 2\mid 12\ \Rightarrow\ 2\leqq 2,\ 2\leqq 4,\ 2\leqq 6,\ 2\leqq 12$

$3\mid 3,\ 3\mid 6,\ 3\mid 12\ \Rightarrow\ 3\leqq 3,\ 3\leqq 6,\ 3\leqq 12$

$4\mid 4,\ 4\mid 12\ \Rightarrow\ 4\leqq 4,\ 4\leqq 12$

$6\mid 6,\ 6\mid 12\ \Rightarrow\ 6\leqq 6,\ 6\leqq 12$

$12\mid 12\ \Rightarrow\ 12\leqq 12$

（3） 比較不可能な元は約数，倍数の関係にない元どうしである。

$\qquad\qquad$ 2 と 3，3 と 4，4 と 6 が比較不可能 $\qquad\qquad$（解終）

《説明》 一般に，自然数全体 $\boldsymbol{N}$ において
$$m \mid n \overset{\text{def}}{\Leftrightarrow} m \text{ は } n \text{ の約数}$$
と定義すると，$(\boldsymbol{N}\,;\,\mid)$ は半順序集合となる。 （説明終）

練習問題 45　　　　　　　　　　　　　　　解答は p. 198

D_{18} を 18 の正の約数全体の集合とする。D_{18} において例題 45 と同様に関係 | を定義するとき，$(D_{18}\,;\,\mid)$ は半順序集合となる。

（1） D_{18} の元を求めなさい。

（2） 関係 $m \mid n$ が成立する元どうしを $m \leqq n$ の形で書きなさい。

（3） 比較不可能な元を求めなさい。

=== 例題 46 ===

$A = \{1, 2\}$ とし，$A \times A \ni (m, n),\ (m', n')$ に対し
$$(m, n) \leqq (m', n') \stackrel{\text{def}}{\Leftrightarrow} m \leqq m' \text{ and } n \leqq n'$$
と定義するとき，$(A \times A\,;\, \leqq)$ は半順序集合となる．

(1) $A \times A$ の元を書き出してみよう．

(2) 比較可能な元どうしを $\leqq$ で示してみよう．

(3) 比較不可能な元を求めてみよう．

解 $A \times A$ は A と A の直積集合であった．

(1) $A \times A = \{(m, n) \mid m, n \in A\}$
$\qquad\qquad = \{(1,1), (1,2), (2,1), (2,2)\}$

(2) 第1成分と第2成分がともに $\leqq$ の関係にあるとき $\leqq$ である．成立する元をさがすと，

$(1,1) \leqq (1,1),\ (1,1) \leqq (1,2),\ (1,1) \leqq (2,1),\ (1,1) \leqq (2,2)$

$(1,2) \leqq (1,2),\ (1,2) \leqq (2,2)$

$(2,1) \leqq (2,1),\ (2,1) \leqq (2,2),\ (2,2) \leqq (2,2)$

(3) 比較不可能な元 (m, n) と (m', n') の間には
$$m \leqq m' \text{ でないか，または } n \leqq n' \text{ でない}$$
が成立する．これにあてはまる元は $(1,2)$ と $(2,1)$ である．この2つは比較不可能である．　　　　　　　　　　　　　　　　　　　　　　　　　　　（解終）

《**説明**》　一般に，$\boldsymbol{N} \times \boldsymbol{N}$ に
$$(m, n) \leqq (m', n') \stackrel{\text{def}}{\Leftrightarrow} m \leqq m' \text{ and } n \leqq n'$$
と定義すると，$(\boldsymbol{N} \times \boldsymbol{N}\,;\, \leqq)$ は半順序集合となる．　　　　　　（説明終）

練習問題 46　　　　　　　　　　　　　　　　　　　　解答は p. 199

$B = \{1, 2, 3\}$ とし，$B \times B$ に例題 46 と同様の関係 $\leqq$ を定義するとき，$(B \times B\,;\, \leqq)$ は半順序集合となる．

(1) $B \times B$ の元を求めなさい．

(2) 比較可能な元どうしを $\leqq$ で示しなさい．

(3) 比較不可能な元を求めなさい．

> **定義**
>
> $(A;R)$ を半順序集合とする．A の任意の2つの元が比較可能なとき，$(A;R)$ を**全順序集合**といい，R を**全順序**または**線形順序**という．

《説明》 半順序集合 $(A;R)$ では，A の元どうし，比較可能な場合と比較不可能な場合が存在した．もし，どんな2つの元も比較可能なとき，R を全順序または線形順序という．

たとえば $(\boldsymbol{N};\leqq)$ は半順序集合であるが，すべての2つの自然数は比較可能なので全順序集合であり，すべての $\boldsymbol{N}$ の元を関係 $\leqq$ により

$$1 \leqq 2 \leqq 3 \leqq \cdots \leqq 100 \leqq \cdots \leqq 10000 \leqq \cdots$$

と一列に並べることができる．

しかし，$\boldsymbol{N}$ の元を関係 $<$ を使って

$$1 < 2 < 3 < \cdots < 100 < \cdots < 1000 < \cdots$$

と一列に並べることはできるが，$(\boldsymbol{N};<)$ は半順序集合ではなく，当然全順序集合でもないことに気をつけよう．つまり $(\boldsymbol{N};<)$ においては

[反射律] $\boldsymbol{N} \ni \forall n$ に対して $n < n$

は成立しない．[反対称律]，[推移律] は成立する． (説明終)

> 半順序集合の元が全部一列に並べることができれば全順序集合とよべるのね．

> **半順序集合 $(A;R)$**
>
> [反 射 律] $A \ni \forall a,\ aRa$
> [反対称律] aRb and $bRa \Rightarrow a = b$
> [推 移 律] aRb and $bRc \Rightarrow aRc$

例題 47

次の半順序集合について，全順序集合かどうかを調べてみよう．
(1) $E = \{a, b\}$ のとき，$(\mathcal{P}(E); \subseteq)$
(2) $D_8 = 8$ の約数全体 のとき，$(D_8; |)$

解 （1） 例題 44 で調べたように，$\{a\}$ と $\{b\}$ は包含関係がないので比較不可能となり，$(\mathcal{P}(E); \subseteq)$ は 全順序集合ではない．

（2） $D_8 = \{1, 2, 4, 8\}$ である．$m \mid n$ であるとき $m \leqq n$ と書くとすると，

$$1 \leqq 1, \ 1 \leqq 2, \ 1 \leqq 4, \ 1 \leqq 8$$
$$2 \leqq 2, \ 2 \leqq 4, \ 2 \leqq 8$$
$$4 \leqq 4, \ 4 \leqq 8$$
$$8 \leqq 8$$

となり，どの2つの元も比較可能である．したがって $(D_8; |)$ は 全順序集合である． (解終)

《説明》 一般に，$(\mathcal{P}(E); \subseteq)$ は全順序集合ではない．

また，D_m を m の正の約数全体とするとき，$m = p^n$ (p は素数) なら

$$D_m = \{1, p, p^2, \cdots, p^n\}$$

となるので，$(D_m; |)$ は 全順序集合 となる． (説明終)

$$m \mid n \overset{\text{def}}{\Leftrightarrow} m \text{ は } n \text{ の約数}$$

練習問題 47　　解答は p.199

次の半順序集合は全順序集合かどうかを調べなさい．
(1) $E = \{a, b, c\}$ のとき，$(\mathcal{P}(E); \subseteq)$
(2) $D_{27} = 27$ の約数全体 のとき，$(D_{27}; |)$

例題 48

$A = \{1, 2\}$ とし，直積集合 $A \times A$ の元に次のように関係 $\leqq$ を定めると $(A \times A\,;\leqq)$ は半順序集合になる。
$$(m, n) \leqq (m', n') \overset{\text{def}}{\Leftrightarrow} m < m' \text{ or } (m = m' \text{ and } n \leqq n')$$
このとき，$(A \times A\,;\leqq)$ は全順序集合になるかどうかを調べてみよう。

解 $A \times A = \{(1,1), (1,2), (2,1), (2,2)\}$ である。
$\leqq$ の条件を
$$(m, n) \leqq (m', n') \overset{\text{def}}{\Leftrightarrow} \text{or} \begin{cases} m < m' & \text{①} \\ m = m' \text{ and } n \leqq n' & \text{②} \end{cases}$$
のように番号①，②をつけておくと，

① まず第1成分で "$<$" かどうか調べる。

② 第1成分が等しいとき，第2成分で "$\leqq$" かどうか調べる。

①と②両方成り立たないときは比較不可能である。

$A \times A$ の元については

$(1,1) \overset{②}{\leqq} (1,1),\quad (1,1) \overset{②}{\leqq} (1,2),\quad (1,1) \overset{①}{\leqq} (2,1),\quad (1,1) \overset{①}{\leqq} (2,2)$

$(1,2) \overset{②}{\leqq} (1,2),\quad (1,2) \overset{①}{\leqq} (2,1),\quad (1,2) \overset{①}{\leqq} (2,2)$

$(2,1) \overset{②}{\leqq} (2,1),\quad (2,1) \overset{②}{\leqq} (2,2)$

$(2,2) \overset{②}{\leqq} (2,2)$

なので比較不可能な元は存在しない。元を "$\leqq$" で一列に並べると
$$(1,1) \leqq (1,2) \leqq (2,1) \leqq (2,2)$$
となり，全順序集合である。

（解終）

> 平面上の有限個の点ならこの順序で一列に並べられるわね。

《説明》 一般に，全順序集合 $(A;\leqq)$ から，例題48と同様の定義により，全順序集合 $(A\times A;\leqq)$ をつくることができる。さらに A^n に定義を拡張し，
$$A^n \ni a = (a_1, a_2, \cdots, a_n), \quad b = (b_1, b_2, \cdots, b_n)$$
に対して
$$a \leqq b \stackrel{\text{def}}{\Leftrightarrow} \begin{cases} a_1 < b_1 \\ \text{or } (a_1 = b_1 \text{ and } a_2 < b_2) \\ \text{or } (a_1 = b_1, \ a_2 = b_2 \text{ and } a_3 \leqq b_3) \\ \vdots \\ \text{or } (a_1 = b_1, \cdots, a_{n-1} = b_{n-1} \text{ and } a_n \leqq b_n) \end{cases}$$
とすることにより，$(A^n;\leqq)$ は全順序集合となる。この順序を **辞書式順序** という。つまり，若い成分を優先して順序をつける方法である。
$$A = \{a, b, c, \cdots, x, y, z\}$$
$$(a \leqq b \leqq \cdots \leqq z)$$
として $(A^n;\leqq)$ の元を順に並べれば英語の辞書ができるし，
$$J = \{あ, い, う, \cdots, わ, を, ん\}$$
$$(あ \leqq い \leqq \cdots \leqq ん)$$
として $(J^n;\leqq)$ の元を順に並べれば国語の辞書ができあがる。　　　　　（説明終）

練習問題 48　　　　　　　　　　　　　　　　　　　　解答は p.199

（1）辞書式順序による全順序集合 $(\boldsymbol{N}\times\boldsymbol{N};\leqq)$ において，次の元を関係 $\leqq$ でつないで一列に並べなさい。
$$(5,7), \ (2,5), \ (5,5), \ (7,5), \ (7,2), \ (5,2)$$

（2）$A = \{a, b, c\}$ において $a \leqq b \leqq c$ として $(A;\leqq)$ を全順序集合とする。A^3 に辞書式順序 $\leqq$ を考えるとき，次の文字列を A^3 の元として，関係 $\leqq$ を用いて一列に並べなさい。
$$abc, \ aaa, \ bab, \ cab, \ bbb, \ cba$$

2 ハッセ図

半順序集合の元の関係を図式化することを考えよう。

これから集合などの場合を除いては，半順序，全順序を，数の大小関係である $\leqq$ と同じ記号を使うことにする。数では記号 $\leqq$ は「$<$ or $=$」の意味であるが，一般の半順序集合でも次のように定義しておく。

> **定義**
> 半順序集合 $(A\,;\leqq)$ の2つの元 a, b について，関係「$<$」と「$\ll$」を
> $$a < b \stackrel{\text{def}}{\Leftrightarrow} a \leqq b \text{ and } a \neq b$$
> $$a \ll b \stackrel{\text{def}}{\Leftrightarrow} a < b \text{ かつ, } a < x < b \text{ となる } x \text{ は } A \text{ に存在しない}$$
> と定める。

《説明》 $a < b$ の記号の使い方は，数の不等号と同じである。$a < b$ のとき，もし a と b の間に元がないとき $a \ll b$ となる。たとえば $(\boldsymbol{N}\,;\leqq)$ において，
$$3 \leqq 5, \quad 3 < 5, \quad 3 \ll 4$$
であるが $3 \ll 5$ ではない。 (説明終)

> **定義**
> $(A\,;\leqq)$ を有限な半順序集合とする。
> $A \ni a, b$ について $a \ll b$ のとき，点 b を点 a の上方に描き，$a \ll b$ の関係にある A の点どうしをすべて線で結んだ図を $(A\,;\leqq)$ の **ハッセ図** という。

《説明》 $a \ll b$ のとき，a と b を表す点が上下になっていれば下図のように斜めの線で結んでもよい。$a \ll b$ のとき，a と b を結んだ線上に他の点は絶対に存在しない。

また，$a \ll b$, $c \ll d$ のとき，a と b を結ぶ線と c と d を結ぶ線は交わってもよいが，その交点には A の点は存在しない．

全順序集合のハッセ図は1本の線上に点が並んだ状態となる．

比較不可能な元が存在する半順序集合のハッセ図は，たとえば右下図のようになり，

a と c, b と c, b と d, b と e

は比較不可能である． （説明終）

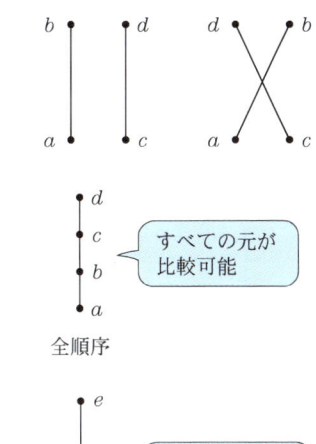

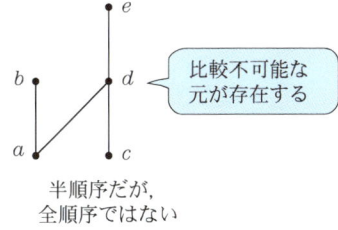

すべての元が比較可能

全順序

比較不可能な元が存在する

半順序だが，全順序ではない

上下の位置が重要なのね．

例題 49

$A = \{a, b, c\}$ に，次のように半順序 $\leqq$ が入っているとき，関係をハッセ図に描いてみよう．

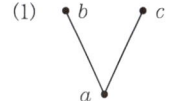

（1） $a \leqq b$, $a \leqq c$ 　（2） $c \leqq a$, $a \leqq b$

解 （1） $a \ll b$, $a \ll c$, b と c は比較不可能より右上図のようになる．

（2） $c \ll a \ll b$ なので全順序であり，右図のようになる．

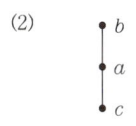

（解終）

練習問題 49　　　　　　　　　　　　　解答は p.199

$A = \{a, b, c\}$ に次のように半順序 $\leqq$ が入っているとき，ハッセ図で表しなさい．

（1） $b \leqq a$, $c \leqq a$ 　（2） $b \leqq c$

例題 50

次の半順序集合について，ハッセ図を描いてみよう．
(1) $A = \{4, 16, 64\}$ のとき，$(A\,;\,|)$
(2) $B = \{1, 2, 3, 6, 12, 18, 24\}$ のとき，$(B\,;\,|)$
(3) $E = \{a, b\}$ のとき，$(\mathcal{P}(E)\,;\,\subseteqq)$

$$a \mid b \stackrel{\text{def}}{\Leftrightarrow} a\text{ は }b\text{ の約数} \Leftrightarrow a \leqq b$$

解 (1) $4 \ll 16$，$16 \ll 64$ より，$(A\,;\,|)$ は全順序集合であり，ハッセ図は右図のように一列になる．

(2) $24 = 2^3 \cdot 3$ を参考に関係 $\ll$ で結べる元を調べてみると，
$$1 \ll 2,\ 1 \ll 3,\ 2 \ll 6,\ 3 \ll 6,$$
$$6 \ll 12,\ 6 \ll 18,\ 12 \ll 24$$
2 と 3，12 と 18 は比較不可能なので，ハッセ図は右のようになる．

(3) $\mathcal{P}(E)$ は E の部分集合全体 (p. 99 参照) なので，
$$\mathcal{P}(E) = \{\phi, \{a\}, \{b\}, \{a, b\}\}$$
である．関係 $\ll$ で結べる元は
$$\phi \ll \{a\},\ \phi \ll \{b\}$$
$$\{a\} \ll \{a, b\},\ \{b\} \ll \{a, b\}$$
$\{a\}$ と $\{b\}$ は比較不可能なので，ハッセ図は右のようになる． (解終)

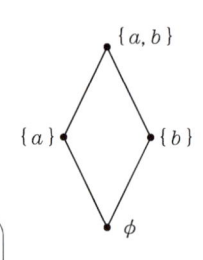

$$a \ll b \stackrel{\text{def}}{\Leftrightarrow} \begin{cases} a < b \\ \text{かつ} \\ a < x < b \text{ となる } x \text{ は存在しない} \end{cases}$$

練習問題 50

解答は p. 200

次の半順序集合について，ハッセ図を描きなさい．
(1) $D_{81} = \{1, 3, 9, 27, 81\}$ のとき $(D_{81}\,;\,|)$
(2) $A = \{1, 2, 3, 6, 12, 18, 36\}$ のとき $(A\,;\,|)$
(3) $E = \{a, b, c\}$ のとき，$(\mathcal{P}(E)\,;\,\subseteqq)$

例題 51

$$M = \{(2,2), (5,5), (2,5), (5,2), (2,7), (7,5)\}$$

において，次の半順序 $\leqq_1$ と全順序 $\leqq_2$ を考える．

$$(a, b) \leqq_1 (a', b') \overset{\text{def}}{\Leftrightarrow} a \leqq a' \text{ and } b \leqq b'$$

$$(a, b) \leqq_2 (a', b') \overset{\text{def}}{\Leftrightarrow} a < a' \text{ or } (a = a', b \leqq b')$$

このとき，次の順序集合のハッセ図を描いてみよう．

（1） $(M; \leqq_1)$　　（2） $(M; \leqq_2)$

解 （1） $\ll_1$ で結べる元を調べると

$(2,2) \ll (2,5),\quad (2,2) \ll (5,2)$

$(5,5) \ll (7,5),\quad (2,5) \ll (5,5)$

$(2,5) \ll (2,7),\quad (5,2) \ll (5,5)$

これらをもとにハッセ図を描くと右のようになる．

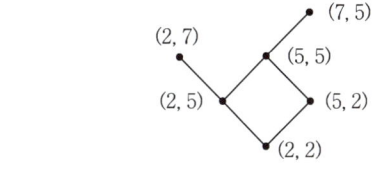

（2） $\leqq_2$ は辞書式順序であった．M の元を一列に並べると

$(2,2) \ll (2,5) \ll (2,7) \ll (5,2)$
$\ll (5,5) \ll (7,5)$

これよりハッセ図は右のようになる．

（解終）

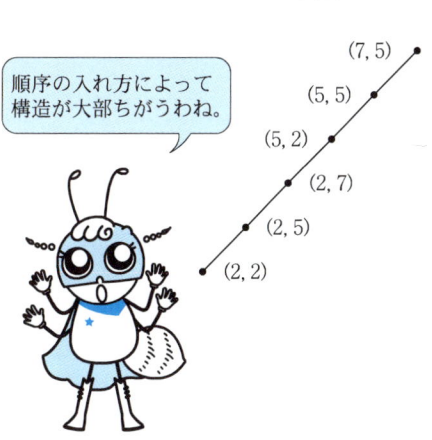

順序の入れ方によって構造が大部ちがうわね．

練習問題 51　　　　解答は p.200

$S = \{(x_1, x_2, x_3) \mid x_i = 0, 1 \ (i = 1, 2, 3)\}$ とし，S に次の順序 $\leqq_1$ と $\leqq_2$ を考える．

$(x_1, x_2, x_3) \leqq_1 (x_1', x_2', x_3') \overset{\text{def}}{\Leftrightarrow} x_1 \leqq x_1' \text{ and } x_2 \leqq x_2' \text{ and } x_3 \leqq x_3'$

$(x_1, x_2, x_3) \leqq_2 (x_1', x_2', x_3') \overset{\text{def}}{\Leftrightarrow} x_1 < x_1' \text{ or } (x_1 = x_1' \text{ and } x_2 < x_2')$
$\text{or } (x_1 = x_1', x_2 = x_2' \text{ and } x_3 \leqq x_3')$

（辞書式順序）

（1） S の元を書きなさい．

（2） $(S; \leqq_1)$ について，ハッセ図を描きなさい．

（3） $(S; \leqq_2)$ について，ハッセ図を描きなさい．

3 上限，下限

> **定義**
>
> $(A; \leqq)$ を半順序集合とする。
> $$\forall x \in A \text{ に対して } x \leqq a$$
> が成立する A の元 a を A の**最大元**といい，
> $$\forall x \in A \text{ に対して } b \leqq x$$
> が成立する A の元 b を A の**最小元**という。

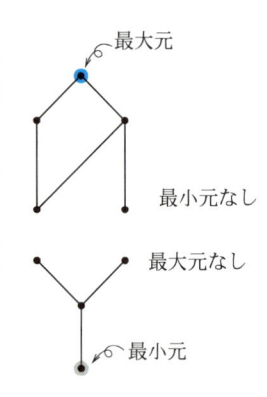

《説明》 A の最大元を $\max A$，最小元を $\min A$ で表す。$\max A$ は A に定められた半順序によりいちばん大きい元であり，$\min A$ はいちばん小さい元である。
$(A; \leqq)$ は半順序集合なので，比較不可能な元も存在する場合がある。その場合には $\max A$ や $\min A$ が存在しないときもある。

最大元，最小元は存在すればただ 1 つである。 (説明終)

> **定義**
>
> $(A; \leqq)$ を半順序集合とする。
> $$a \leqq x,\ x \in A \Rightarrow a = x$$
> をみたす A の元 a を A の**極大元**といい，
> $$x \leqq b,\ x \in A \Rightarrow b = x$$
> をみたす A の元 b を A の**極小元**という。

《説明》 $\max A$, $\min A$ は A 全体における最大，最小を考えたが，極大元，極小元は部分的に最大，最小になっている元のことである。

有限な半順序集合には必ず極大元，極小元が存在する。 (説明終)

例題 52

集合 $A = \{a, b, c, d, e, f, g, h\}$ に右のハッセ図で半順序を定める。

(1) e と比較不可能な元はどれか求めてみよう。

(2) $\max A$, $\min A$ がもし存在すれば求めてみよう。

(3) A の極大元と極小元をすべて求めてみよう。

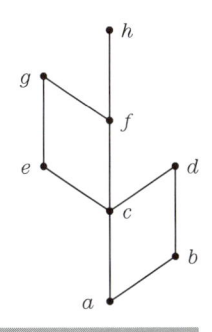

解 (1) e と "上へ上へ" または "下へ下へ" と線で結ばれている元は e と比較可能である。e と比較不可能な元は

$$b, d, f, h$$

(2) $\max A$ は A のすべての元より大きいか等しい元のこと。h がいちばん大きそうであるが，h は b, d, e, g と比較できないので $\max A$ は存在しない。

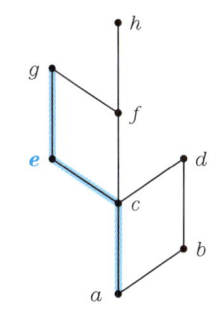

$\min A$ は A のすべての元より小さいか等しい元のことである。a はすべての元と比較可能であり，$\forall x \in A$ に対し $a \leqq x$ が成立する。

$$\therefore \quad \min A = a$$

(3) 極大元は，その元より上には元が存在しない元のことである。

$$A \text{ の極大元は，} h, g, d$$

極小元は，その元より下には元が存在しない元のことである。

$$A \text{ の極小元は } a \qquad \text{(解終)}$$

練習問題 52　　解答は p.201

集合 $X = \{o, p, q, r, s, t, u, v, w, x, y, z\}$ に右のハッセ図により半順序を定める。

(1) s と比較不可能な元をすべて求めなさい。

(2) $\max X$, $\min X$ が存在すれば求めなさい。

(3) X の極大元，極小元をすべて求めなさい。

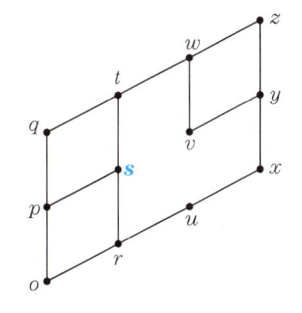

定義

$(A; \leqq)$ を半順序集合とし，$M \subseteq A$ とする．
$$a \in A \text{ が } \forall x \in M \text{ に対して } x \leqq a$$
をみたすとき，a を M の**上界**という．

M のすべての上界からなる集合に最小元が存在するとき，それを M の**上限**といい，$\sup M$ と書く．

《説明》 たとえば A と M_1, M_2, M_3 を
$$A = \{a, b, c, d, e, f, g, h\}$$
$$M_1 = \{b, c, d\}$$
$$M_2 = \{a, b, c\}$$
$$M_3 = \{d, e, f\}$$

とし，右のハッセ図により半順序が入っているとする．

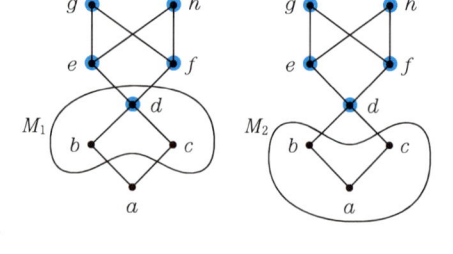

部分集合 M_1 について，M_1 のすべての元より大きいか等しい A の元は，
$$d, e, f, g, h$$
である．これらの1つ1つはすべて M_1 の上界とよばれる．
$$M_1 \text{ の上界の集合} = \{d, e, f, g, h\}$$
には最小元，つまりいちばん小さい元が存在し，それは d である．つまり
$$\sup M_1 = d$$
このとき，$\sup M_1 \in M_1$ である．

一方，部分集合 M_2 について，
$$M_2 \text{ の上界の集合} = \{d, e, f, g, h\}$$
であり，これは M_1 の上界の集合と同じなので
$$\sup M_2 = d$$
であるが，$\sup M_2 \notin M_2$ である．

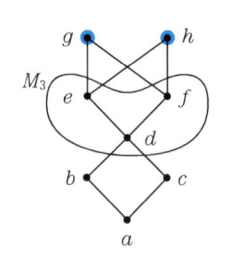

部分集合 M_3 においては，
$$M_3 \text{ の上界の集合} = \{g, h\}$$
であるが，g と h は比較不可能なので，この集合には最小元は存在せず，$\sup M_3$ は存在しない． (説明終)

> **定義**
>
> $(A;\leqq)$ を半順序集合とし，$M \subseteq A$ とする。
> $$b \in A \text{ が } \forall x \in M \text{ に対して } b \leqq x$$
> をみたすとき，b を M の下界(かかい)という。
>
> M のすべての下界からなる集合に最大元が存在するとき，それを M の下限(かげん)といい，$\inf M$ と書く。

《説明》 上界，上限と大小関係が全く逆になった場合である

$$A = \{a, b, c, d, e, f, g, h\}$$
$$M_1 = \{e, f, g\},$$
$$M_2 = \{f, g, h\},$$
$$M_3 = \{c, d, e\}$$

とし，右のハッセ図により半順序が入っているとする。

M_1 の下界の集合

 = M_1 のすべての元より小さいか等しい元の集まり

 = $\{a, b, c, d, e\}$

$\inf M_1 = \max(M_1 \text{ の下界の集合}) = e$

M_2 の下界の集合

 = M_2 のすべての元より小さいか等しい元の集まり

 = $\{a, b, c, d, e\}$

$\inf M_2 = \max(M_2 \text{ の下界の集合}) = e$

M_3 の下界の集合

 = M_3 のすべての元より小さいか等しい元の集まり

 = $\{a, b\}$

$\inf M_3 = \max\{a, b\} = $ 存在しない

$\inf M_1 \in M_1$ であるが，$\inf M_2 \notin M_2$ である。 （説明終）

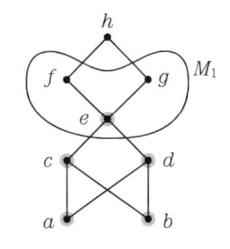

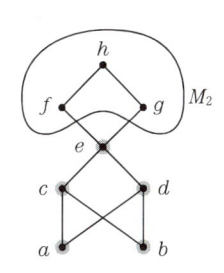

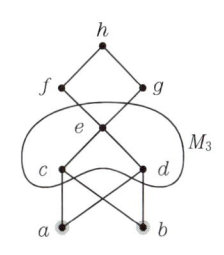

例題 53

集合 $A = \{a, b, c, d, e, f, g, h\}$ に右のハッセ図により半順序が入っている。次の部分集合について，

　　　上界の集合，上限，下界の集合，下限

を求めてみよう。

　（1）　$M_1 = \{b, c, d\}$　　（2）　$M_2 = \{d, e, f\}$

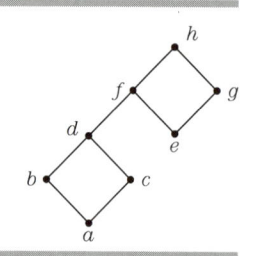

解　（1）　M_1 の元は e, g と比較不可能なので，

　M_1 の上界の集合

　　$= M_1$ のすべての元より大きいか等しい元の集まり

　　$= \{d, f, h\}$

　$\sup M_1 = \min\{d, f, h\} = d$

　M_1 の下界の集合

　　$= M_1$ のすべての元より小さいか等しい元の集まり

　　$= \{a\}$

$\inf M_1 = \max\{a\} = a$

（2）　比較不可能な元に気をつけて求めよう。

　M_2 の上界の集合

　　$= M_2$ のすべての元より大きいか等しい元の集合

　　$= \{f, h\}$

　$\sup M_2 = \min\{f, h\} = f$

　M_2 の下界の集合

　　$= M_2$ のすべての元より小さいか等しい元の集合

　　$= \phi$　（∵ e と a, b, c, d は比較不可能）

　∴　$\inf M_2$ も　存在しない　。　　　　　　（解終）

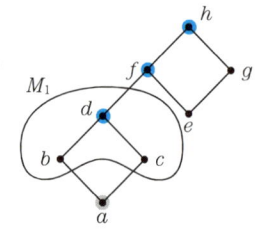

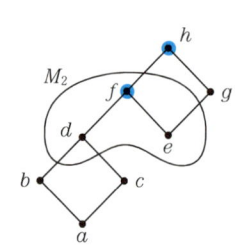

練習問題 53　　　　　　　　解答は p. 201

集合 $B = \{a, b, c, d, e, f\}$ に右のハッセ図による半順序が入っている。$L_1 = \{b, c, e\}$，$L_2 = \{b, c\}$ について上界の集合，上限，下界の集合，下限を求めなさい。

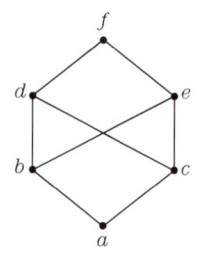

例題 54

$D_{36} = \{1, 2, 3, 4, 6, 9, 12, 18, 36\}$ とし，半順序集合 $(A\,;\,|)$ を考える。

（1） $(D_{36}\,;\,|)$ のハッセ図を描いてみよう。

（2） $M_1 = \{3, 6, 9\}$ について $\sup M_1$，$\inf M_1$ を求めてみよう。

（3） $M_2 = \{2, 9\}$ について $\sup M_2$，$\inf M_2$ を求めてみよう。

解 （1） $36 = 2^2 \cdot 3^2$ の素因数分解を参考にしながら，いちばん下の 1 から順に $\ll$ の関係でつみ上げていくと，右のハッセ図となる。

（2） $\sup M_1 = \min(M_1 \text{ の上界の集合})$
$\qquad\qquad = \min\{18, 36\} = \boxed{18}$

$\quad\ \inf M_1 = \max(M_1 \text{ の下界の集合})$
$\qquad\qquad = \max\{3, 1\} = \boxed{3}$

（3） $\sup M_2 = \min(M_2 \text{ の上界の集合})$
$\qquad\qquad = \min\{18, 36\} = \boxed{18}$

$\quad\ \inf M_2 = \max(M_2 \text{ の下界の集合})$
$\qquad\qquad = \max\{1\} = \boxed{1}$ （解終）

$$\boxed{\,a\,|\,b \Leftrightarrow a \text{ は } b \text{ の約数} \Leftrightarrow a \leq b\,}$$

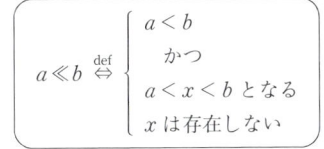

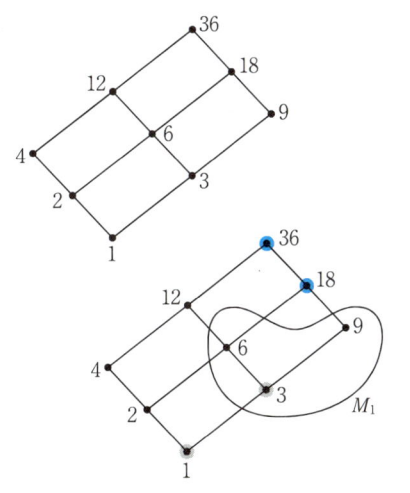

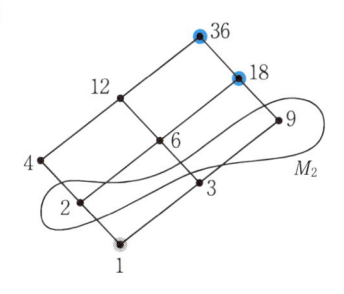

$$\boxed{\,a \ll b \stackrel{\text{def}}{\Leftrightarrow} \begin{cases} a < b \\ \text{かつ} \\ a < x < b \text{ となる} \\ x \text{ は存在しない} \end{cases}\,}$$

練習問題 54　　　　　　　　解答は p. 201

$D = \{1, 3, 5, 9, 10, 15, 30, 45, 90\}$ について，半順序集合 $(D\,;\,|)$ を考える。

（1） $(D\,;\,|)$ のハッセ図を描きなさい。

（2） $L_1 = \{10, 15, 30\}$ について，$\sup L_1$，$\inf L_1$ を求めなさい。

（3） $L_2 = \{5, 9\}$ について，$\sup L_2$，$\inf L_2$ を求めなさい。

§2 束とブール代数

1 束

半順序集合では，上限または下限が存在しない部分集合がある。部分集合として，特に2つの元からなる集合のみを考えて条件をつけてみよう。

> **定義**
>
> 半順序集合 $(A; \leqq)$ において，$A \ni \forall a, b$ に対して
> $$\sup\{a, b\} \text{ と } \inf\{a, b\} \text{ が必ず存在する}$$
> とき，$(A; \leqq)$ を**束**(そく)という。

《説明》 もし $(A; \leqq)$ が全順序集合であれば，必ず束となり
$$\sup\{a, b\} = \max\{a, b\}, \quad \inf\{a, b\} = \min\{a, b\}$$
である。

また，半順序集合 $(A; \leqq)$ が束であれば

$\sup\{a, b\} = a$ と b より大きいか等しい元の中でいちばん小さいもの

$\inf\{a, b\} = a$ と b より小さいか等しい元の中でいちばん大きいもの

となる。

有限な束には必ず最大元，最小元が存在する。　　　　　　　　（説明終）

> **半順序集合 $(A; \leqq)$**
>
> [反 射 律] $A \ni \forall a, \ a \leqq a$
> [反対称律] $a \leqq b$ and $b \leqq a \Rightarrow a = b$
> [推 移 律] $a \leqq b$ and $b \leqq c \Rightarrow a \leqq c$

> **上界と上限**
>
> M の上界 = M のすべての元より大きいか等しい元
> M の上限 = $\sup M$
> $\quad\quad\quad\quad = \min(M$ の上界の集合$)$

> **全順序集合 $(A; \leqq)$**
>
> すべての元が比較可能な半順序集合

> **下界と下限**
>
> M の下界 = M のすべての元より小さいか等しい元
> M の下限 = $\inf M$
> $\quad\quad\quad\quad = \max(M$ の下界の集合$)$

例題 55

$A = \{a, b\}$ とするとき，$(\mathcal{P}(A)\,;\,\subseteqq)$ が束となることを示してみよう。

解 A の部分集合全体 $\mathcal{P}(A)$ は
$$\mathcal{P}(A) = \{\phi, \{a\}, \{b\}, A\}$$
であり，半順序集合 $(\mathcal{P}(A)\,;\,\subseteqq)$ のハッセ図は右の通りである。$\mathcal{P}(A)$ の任意の 2 つの元の sup と inf を調べる。自分自身との sup と inf は自分自身なので，異なる 2 つの元について調べると，

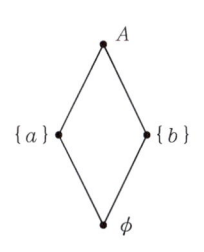

$$\begin{cases} \sup\{\phi, \{a\}\} = \{a\} \\ \inf\{\phi, \{a\}\} = \phi \end{cases} \quad \begin{cases} \sup\{\phi, \{b\}\} = \{b\} \\ \inf\{\phi, \{b\}\} = \phi \end{cases} \quad \begin{cases} \sup\{\phi, A\} = A \\ \inf\{\phi, A\} = \phi \end{cases}$$

$$\begin{cases} \sup\{\{a\}, \{b\}\} = A \\ \inf\{\{a\}, \{b\}\} = \phi \end{cases} \quad \begin{cases} \sup\{\{a\}, A\} = A \\ \inf\{\{a\}, A\} = \{a\} \end{cases} \quad \begin{cases} \sup\{\{b\}, A\} = A \\ \inf\{\{b\}, A\} = \{b\} \end{cases}$$

以上より，$\mathcal{P}(A)$ の任意の 2 つの元には必ず sup と inf の両方が存在するので，$(\mathcal{P}(A)\,;\,\subseteqq)$ は束である。 (解終)

《説明》 一般に，集合 S の部分集合全体 $\mathcal{P}(S)$ において，
$$\mathcal{P}(S) \ni A, B \text{ のとき} \quad A \cup B \in \mathcal{P}(S),\ A \cap B \in \mathcal{P}(S)$$
であり，
$$\sup\{A, B\} = A \cup B, \quad \inf\{A, B\} = A \cap B$$
が成立する。

このことより，sup, inf は $\cup$ と $\cap$ の一般化ともいえる。また，
$$\sup\{a, b\} = a \vee b, \quad \inf\{a, b\} = a \wedge b$$
と記すこともあり，本書でも以後，この記号を使うことにする。 (説明終)

練習問題 55　解答は p.202

$B = \{a, b, c\}$ とするとき，$(\mathcal{P}(B)\,;\,\subseteqq)$ のハッセ図を描き，束となることを確認しなさい。

また，最大元，最小元を求めなさい。

例題 56

$D_{36} = \{1, 2, 3, 4, 6, 9, 12, 18, 36\}$ （36 の約数全体）
について，$(D_{36}; |)$ は束となる。
$$a \vee b = \sup\{a, b\}, \quad a \wedge b = \inf\{a, b\}$$
とするとき，次の元を求めてみよう。

(1) $2 \vee 3$ (2) $2 \wedge 3$ (3) $3 \vee 4$ (4) $3 \wedge 4$
(5) $9 \vee 12$ (6) $9 \wedge 12$ (7) $6 \vee 36$ (8) $6 \wedge 36$

解 はじめに $(D_{36}; |)$ のハッセ図を描くと右のようになる。

(1) $2 \vee 3 = \min(\{2, 3\}$ の上界の集合$)$
 $= \min\{6, 12, 18, 36\} = \boxed{6}$
(2) $2 \wedge 3 = \max(\{2, 3\}$ の下界の集合$)$
 $= \max\{1\} = \boxed{1}$
(3) $3 \vee 4 = \min(\{3, 4\}$ の上界の集合$)$
 $= \min\{12, 36\} = \boxed{12}$
(4) $3 \wedge 4 = \max(\{3, 4\}$ の下界の集合$)$
 $= \max\{1\} = \boxed{1}$
(5) $9 \vee 12 = \min(\{9, 12\}$ の上界の集合$)$
 $= \min\{36\} = \boxed{36}$
(6) $9 \wedge 12 = \max(\{9, 12\}$ の下界の集合$)$
 $= \max\{3, 1\} = \boxed{3}$
(7) $6 \vee 36 = \min(\{6, 36\}$ の上界の集合$)$
 $= \min\{36\} = \boxed{36}$
(8) $6 \wedge 36 = \max(\{6, 36\}$ の下界の集合$)$
 $= \max\{6, 3, 2, 1\} = \boxed{6}$ （解終）

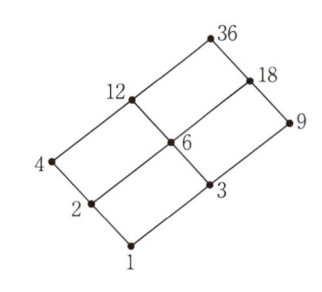

> この集合では
> $a \vee b = a$ と b の最小公倍数
> $a \wedge b = a$ と b の最大公約数
> になっているわよ。

練習問題 56

解答は p.202

D_{30} を 30 の約数全体の集合とするとき，$(D_{30}; |)$ は束となる。
(1) D_{30} を求めなさい。 (2) $(D_{30}; |)$ のハッセ図を描きなさい。
(3) $3 \vee 5$, $3 \wedge 5$, $2 \vee 15$, $2 \wedge 15$, $5 \vee 10$, $5 \wedge 10$ を求めなさい。

例題 57

右のハッセ図をもつ束において，次の元を求めてみよう。

(1) $b \vee c$ (2) $b \vee f$ (3) $d \wedge h$
(4) $g \wedge h$ (5) $g \wedge (f \vee b)$

解 (1) $b \vee c = \sup\{b, c\}$
$\qquad = \min(\{b, c\} \text{ の上界の集合})$
$\qquad = \min\{d, e, g, h, i\}$
$\qquad = \boxed{d}$

(2) $b \vee f = \sup\{b, f\}$
$\qquad = \min(\{b, f\} \text{ の上界の集合})$
$\qquad = \min\{h, i\}$
$\qquad = \boxed{h}$

(3) $d \wedge h = \inf\{d, h\}$
$\qquad = \max(\{d, h\} \text{ の下限の集合})$
$\qquad = \max\{a, b, c, d\}$
$\qquad = \boxed{d}$

(4) $g \wedge h = \inf\{g, h\}$
$\qquad = \max(\{g, h\} \text{ の下界の集合})$
$\qquad = \max\{a, b, c, d, e\}$
$\qquad = \boxed{e}$

(5) $g \wedge (f \vee b) = g \wedge h = \boxed{e}$ （解終）

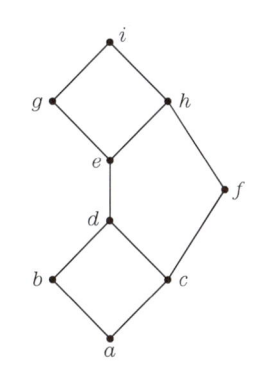

- $\{a, b\}$ の上界
   $= a$ と b 以上の元
- $\{a, b\}$ の下界
   $= a$ と b 以下の元

- $a \vee b = \sup\{a, b\}$
   $= a$ と b 以上でいちばん小さい元
- $a \wedge b = \inf\{a, b\}$
   $= a$ と b 以下でいちばん大きい元

慣れてきたら，ハッセ図を見ながら直接 $a \vee b$, $a \wedge b$ を求めていいわよ。

練習問題 57 　　　解答は p.202

例題 57 と同じ束において，次の元を求めなさい。

(1) $a \vee d$ (2) $g \vee f$ (3) $b \wedge f$ (4) $g \wedge f$ (5) $(g \wedge f) \vee b$

例題 58

n 個の元からなる束について,次の場合に可能なハッセ図を描いてみよう.
(1) $n = 2$ (2) $n = 3$ (3) $n = 4$

[解] 束とは,その集合に属する任意の 2 つの元に sup と inf が存在する集合であった.また,有限な束には必ず最大元,最小元が存在することに注意してハッセ図を描こう.

(1) $n = 2$ のとき

元は 2 つしかないので,半順序は右のような全順序となる場合だけである.当然,この場合は束である.

(2) $n = 3$ のとき

最大元,最小元が必ず存在するので,右の全順序の場合しかない.

(3) $n = 4$ のとき

最大元,最小元以外の元は 2 個なので次の 2 通りの場合しかない.　　　　　　　　　　　　　　　　　(解終)

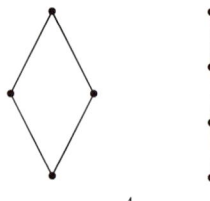

> いろいろな場合を描いてみてね。

練習問題 58　　　　　　　　　　　　　　　　　解答は p. 202

5 個の元からなる束のハッセ図をすべて求めなさい.

> **定理 4.1**
>
> 束において,
> $$\sup\{a,b\} = a \vee b, \quad \inf\{a,b\} = a \wedge b$$
> とするとき, 次の性質が成立する.
> (1) [ベキ等律] $a \vee a = a, \quad a \wedge a = a$
> (2) [対称律] $a \vee b = b \vee a, \quad a \wedge b = b \wedge a$
> (3) [結合律] $a \vee (b \vee c) = (a \vee b) \vee c$
> $\qquad\qquad\quad a \wedge (b \wedge c) = (a \wedge b) \wedge c$
> (4) [吸収律] $a \vee (a \wedge b) = a, \quad a \wedge (a \vee b) = a$

【証明】 $(A; \leqq)$ が束であるとし, (4) の
$$a \vee (a \wedge b) = a$$
のみ示そう.
$$a \wedge b = \inf\{a, b\} \leqq a$$
より, a は $\{a, a \wedge b\}$ の上界の 1 つである.
c を $\{a, a \wedge b\}$ の任意の上界とすると,
$$a \leqq c$$
が成立するので, a は $\{a, a \wedge b\}$ の上界の最小元である. つまり
$$a = \sup\{a, a \wedge b\} = a \vee (a \wedge b) \qquad \text{(証明終)}$$

《説明》 半順序集合 $(A; \leqq)$ の任意の 2 つの元 a, b に必ず $a \vee b$ と $a \wedge b$ が存在するとき, $(A; \leqq)$ を束というのであった. そして A の元は上の定理の性質をもっている.

逆に, ある集合 A において, 2 つの演算 $a \vee b$ と $a \wedge b$ が定義され, 上記 (1)〜(4) の性質をみたしている代数系 $(A; \vee, \wedge)$ を束と定義することができる. このとき, 演算 $\wedge$ を使って半順序 $\leqq$ を
$$a \wedge b = a \overset{\text{def}}{\Leftrightarrow} a \leqq b$$
と定義すると, いままで勉強してきた束と全く同じ概念が形成される. このことにより, 束を $(A; \vee, \wedge)$ のように表記する.

本書でも以後この表記を用いる. (説明終)

2 ブール代数

> **定義**
> 束 $(A; \vee, \wedge)$ が条件
> (1) [分配律]　$a \wedge (b \vee c) = (a \wedge b) \vee (a \wedge c)$
> 　　　　　　　$a \vee (b \wedge c) = (a \vee b) \wedge (a \vee c)$
> (2) [最大元・最小元の存在]　最大元 1, 最小元 0 が存在する.
> (3) [補元の存在]　$A \ni \forall a$ に対して
> 　　　　$a \vee \bar{a} = 1$　and　$a \wedge \bar{a} = 0$
> 　　となる $\exists \bar{a} \in A$ が存在する.
> をみたすとき, ブール束またはブール代数という。

（何となく集合の性質に似ているわね。）

《説明》 (2) の最大元 1 と最小元 0 は数ではなく, 単なる記号として用いられているので注意しよう。有限な束であればこの条件は必ずみたされている。

(3) の a に対して, この性質をみたす $\bar{a}$ を a の補元という。

ブール代数の例を 2 つ挙げておこう。

[1] 集合 E の部分集合全体 $\mathcal{P}(E)$ について, 束 $(\mathcal{P}(E); \cup, \cap)$ を考える。

(1) $E \supseteq A, B, C$ について次の分配律が成立する。
$$A \cap (B \cup C) = (A \cap B) \cup (A \cap C)$$
$$A \cup (B \cap C) = (A \cup B) \cap (A \cup C)$$

(2) 最大元は E, 最小元は ϕ

(3) $E \supseteq A$ について補集合 $\bar{A}$ を考えると, $\bar{A} \in \mathcal{P}(E)$ であり
$$A \cup \bar{A} = E, \quad A \cap \bar{A} = \phi$$
　　が成立する。

したがって $(\mathcal{P}(E); \cup, \cap)$ はブール代数である。

[2] $B = \{0, 1\}$ とし, 右の 2 項演算 $\vee$ と $\wedge$ をもち,
$$\bar{1} = 0, \quad \bar{0} = 1$$
で補元を定めると $(B; \vee, \wedge)$ はブール代数となる。

$\vee$	1	0
1	1	1
0	1	0

$\wedge$	1	0
1	1	0
0	0	0

ブール代数はそれを特徴づける $\vee$, $\wedge$ の他に補元, 最大元, 最小元を明記し,
$$(A\,;\,\vee, \wedge, ^-, 1, 0)$$
と表すこともある。$\mathcal{P}(E)$ については
$$(\mathcal{P}(E)\,;\,\cup, \cap, ^-, E, \phi)$$
である。

ブール代数は論理を代数的に取り扱うために導入された概念である。

［2］の例において,
$$1 \leftrightarrow \mathrm{T}(真), \quad 0 \leftrightarrow \mathrm{F}(偽)$$
と対応させ,
$$補元 \leftrightarrow 否定$$
と対応させれば, 命題論理をブール代数として扱うことができる。

また, 有限ブール代数はある自然数 n を用いて 2^n 個の元をもつことがわかっている。このときのブール代数の構造は, n 個の元をもつ集合 S の部分集合全体 $\mathcal{P}(S)$ についてのブール代数 $(\mathcal{P}(S)\,;\,\cup, \cap, ^-, S, \phi)$ と同じとなる。つまり

　　　有限な束は, 本質的には集合からつくられるブール代数

なのである。

以下にブール代数の性質を少し紹介をしておく。　　　　　　　　（説明終）

定理 4.2

ブール代数 $(A\,;\,\vee, \wedge, ^-, 1, 0)$ において, 次のことが成立する。

（1）　$0 \vee a = a, \quad 1 \vee a = 1$
　　　　$0 \wedge a = 0, \quad 1 \wedge a = a$

（2）　$a \vee b = 0 \Rightarrow a = b = 0$
　　　　$a \wedge b = 1 \Rightarrow a = b = 1$

（3）　$\overline{a \wedge b} = \overline{a} \vee \overline{b}, \quad \overline{a \vee b} = \overline{a} \wedge \overline{b}$

> ブール代数は論理を代数的に扱うために考え出されたのよ。
> p.128 のコラムも読んでね。

例題 59

$D_6 = \{1, 2, 3, 6\}$（6の約数全体）とするとき，ブール束 $(D_6; \vee, \wedge, ^-, 6, 1)$ について

（1） ハッセ図を描いてみよう．

（2） $\vee$, $\wedge$, $^-$ の演算表をつくってみよう．

（3） 次の式を確認してみよう．
$$\overline{2 \wedge 3} = \overline{2} \vee \overline{3}, \quad \overline{2 \vee 3} = \overline{2} \wedge \overline{3}$$

（4） 次の式を確認してみよう．
$$2 \wedge (3 \vee 2) = (2 \wedge 3) \vee (2 \wedge 2)$$
$$2 \vee (3 \wedge 2) = (2 \vee 3) \wedge (2 \vee 2)$$

解 $(D_6; |)$ は最大元 6，最小元 1 のブール束になっている．

$a \vee b = \sup\{a, b\} = a$ と b の最小公倍数

$a \wedge b = \inf\{a, b\} = a$ と b の最大公約数

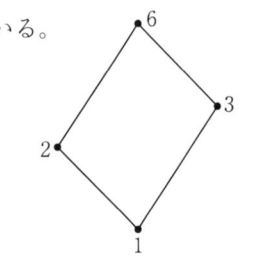

であった．

（1） ハッセ図は右の通りである．

（2） $\vee$, $\wedge$ の演算表は

$\vee$	1	2	3	6
1	1	2	3	6
2	2	2	6	6
3	3	6	3	6
6	6	6	6	6

$\wedge$	1	2	3	6
1	1	1	1	1
2	1	2	1	2
3	1	1	3	3
6	1	2	3	6

a の補元 $\overline{a}$ は

$$a \vee \overline{a} = 6 \quad (\text{最大元})$$
$$a \wedge \overline{a} = 1 \quad (\text{最小元})$$

となる元なので，右の表のようになる．

a	$\overline{a}$
1	6
2	3
3	2
6	1

――― 補元 ―――
a に対し
　$a \vee \overline{a} = $ 最大元
　$a \wedge \overline{a} = $ 最小元
となる $\overline{a}$

――― 分配律 ―――
$a \wedge (b \vee c) = (a \wedge b) \vee (a \wedge c)$
$a \vee (b \wedge c) = (a \vee b) \wedge (a \vee c)$

（3） $\overline{2 \wedge 3} = \overline{1} = 6, \quad \overline{2} \vee \overline{3} = 3 \vee 2 = 6$
$\overline{2 \vee 3} = \overline{6} = 1, \quad \overline{2} \wedge \overline{3} = 3 \wedge 2 = 1$

ゆえにそれぞれ等しいことが確認された。

（4） $\begin{cases} 2 \wedge (3 \vee 2) = 2 \wedge 6 = 2 \\ (2 \wedge 3) \vee (2 \wedge 2) = 1 \vee 2 = 2 \end{cases}$

$\begin{cases} 2 \vee (3 \wedge 2) = 2 \vee 1 = 2 \\ (2 \vee 3) \wedge (2 \vee 2) = 6 \wedge 2 = 2 \end{cases}$

ゆえにそれぞれ等しいことが確認された。 (解終)

$A = \{a, b\}$

$\{a\} \quad \{b\}$

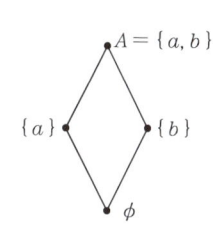

ϕ

$\mathcal{P}(A) = \{\phi, \{a\}, \{b\}, A\}$

$(D_6 ; \vee, \wedge)$ は本質的には $A = \{a, b\}$ の部分集合全体 $\mathcal{P}(A)$ のブール代数 $(\mathcal{P}(A) ; \cup, \cap)$ と同じね。

ブール束 = ブール代数

練習問題 59　　　　　　　　　　　　解答は p.203

$D_{15} = \{1, 3, 5, 15\}$ （15 の約数全体）とするとき，ブール代数 $(D_{15} ; \vee, \wedge, ^-, 15, 1)$ について

（1） ハッセ図を描きなさい。

（2） $\vee$，$\wedge$，$^-$ の演算表をつくりなさい。

（3） 次式を確認しなさい。
$$\overline{3 \wedge 5} = \overline{3} \vee \overline{5}, \quad \overline{3 \vee 5} = \overline{3} \wedge \overline{5}$$

（4） 次式を確認しなさい。
$$(3 \wedge 5) \vee 5 = (3 \vee 5) \wedge (5 \vee 5)$$
$$(3 \vee 5) \wedge 5 = (3 \wedge 5) \vee (5 \wedge 5)$$

例題 60

$D_{30} = \{1, 2, 3, 5, 6, 10, 15, 30\}$ （30 の約数全体）とするとき，ブール束 $(D_{30}; \vee, \wedge, \bar{}, 30, 1)$ について

(1) ハッセ図を描いてみよう。
(2) $\bar{2}, \bar{6}, \overline{10}$ を求めてみよう。
(3) a の補元 $\bar{a}$ は a とどんな関係にあるかを調べてみよう。
また，その結果を用いて補元の演算表をつくってみよう。
(4) 次の元を求めてみよう。
$$(3 \vee \bar{6}) \wedge 10, \quad 15 \vee \overline{(2 \wedge 10)}$$

解 (1) ハッセ図は右のようになる。最大元は 30, 最小元は 1。

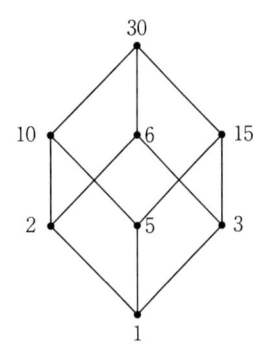

(2) $a \vee b = a$ と b の最小公倍数
$a \wedge b = a$ と b の最大公約数
なので，

$2 \vee \bar{2} = 30, \quad 2 \wedge \bar{2} = 1$ より $\bar{2} = \boxed{15}$

$6 \vee \bar{6} = 30, \quad 6 \wedge \bar{6} = 1$ より $\bar{6} = \boxed{5}$

$10 \vee \overline{10} = 30, \quad 10 \wedge \overline{10} = 1$ より $\overline{10} = \boxed{3}$

（ハッセ図を見ながら補元を求めてもよい。）

(3) a と補元 $\bar{a}$ の間には
$$a \vee \bar{a} = 30 \quad \text{かつ} \quad a \wedge \bar{a} = 1$$
という関係がある。第 2 式より a と $\bar{a}$ は 1 以外に共通の約数をもたないので，
$$a \vee \bar{a} = a \times \bar{a} = 30$$
が成立する。

$$\therefore \quad \bar{a} = \frac{30}{a}$$

したがって，各元の補元は右の表のようになる。

―― 補元 ――
$a \vee \bar{a} = $ 最大元
$a \wedge \bar{a} = $ 最小元

a	$\bar{a}$
1	30
2	15
3	10
5	6
6	5
10	3
15	2
30	1

（4） ハッセ図と補元の表を見ながら求める。
$$(3 \vee \overline{6}) \wedge 10 = (3 \vee 5) \wedge 10 = 15 \wedge 10 = \boxed{5}$$
$$15 \vee \overline{(2 \wedge 10)} = 15 \vee \overline{2} = 15 \vee 15 = \boxed{15}$$
(解終)

《説明》 例題 59, 60 のように，正の整数 N が相異なる n 個の素数の積
$$N = p_1 p_2 \cdots p_n \quad (\text{各 } p_i \text{ は素数})$$
となっている場合，N の約数全体からなる集合 D_N について，
$$(D_N\ ;\ \vee, \wedge, ^-, N, 1)$$
はブール代数となる。このブール代数は，n 個の元からなる集合 S の部分集合全体 $\mathcal{P}(S)$ がつくるブール代数
$$(\mathcal{P}(S)\ ;\ \cup, \cap, ^-, S, \phi)$$
と構造的に全く同じ（**ブール同型**という）である。 (説明終)

> D_N と $\mathcal{P}(S)$ のブール代数としての構造がそっくりだなんて，おどろきね！

練習問題 60　　　　　　　　　　　　　　　　解答は p. 203

70 の約数全体を D_{70} とする。ブール代数 $(D_{70}\ ;\ \vee, \wedge, ^-, 70, 1)$ について
（1） D_{70} の元を求め，ハッセ図を描きなさい。
（2） 例題 60 の (3) の結果を用いて，D_{70} の各元の補元の演算表をつくりなさい。
（3） 次の計算をしなさい。
$$\overline{(10 \vee 14)} \wedge 7, \quad \overline{5} \vee (14 \wedge 35)$$

ブール代数

イングランドの数学者ピーコック（1791～1858）は，代数学を「算術的代数」と「記号的代数」に分類しました。「算術的代数」では，負でない実数の算術の基本原理を，文字を使って展開する方法です。一方，「記号的代数」は記号と文字に，いかなる特定の解釈を与える必要はないというものです。つまり，当時はまだ意味づけされていなかった $-a$ や $\sqrt{-1}$ は単なる記号で，算術と同じ法則に従う記号にすぎないとしたのです。ド・モルガン（1806～1871）も算術の法則から始める代わりに，任意の記号から始め，これらの記号が，演算法則に従って変形され，定理をつくり出すことにより，新しい代数系を構築することができると信じていました。しかし，新しい代数系をはじめてつくったのはハミルトン（1805～1865）です。それは有名な4元数のつくり出す体系です。

ピーコックとド・モルガンが提唱した代数学の自由性はイングランドの論理学者ブール（1815～1864）により異なったやり方で活用されました。彼の目的は「計算という記号言語によって精神作用に表現を与え，その基礎の上に論理学という科学を確立し，その方法を構築する」ことでした。彼は論理の代数では0と1の値のみをとる変数を扱うものと判断しました。ブールが展開した代数は，発表後長い間冬眠状態でしたが，ついに1世紀後，シャノン（1916～2001）によりコンピュータ製作に応用されたのです。シャノンはどのような回路も一連の方程式により表現が可能であり，これらの方程式を操作するのに必要な計算はブール論理代数にほかならないことを示しました。つまり，構成したい回路の意図する特性が与えられれば，ブールの代数演算を使って方程式を操作し，もっとも単純な形に変換できるのです。この形から回路を直接構成することができ，回路の解析も可能になったのでした。ブール代数は現代のコンピュータ設計では欠かせないものとなっています。

第5章
グラフ

グラフを
いろいろな角度からみて、
応用します。

§1 グラフ

1 グラフ

第2章と第4章では"関係"をグラフを使って可視化してきた。ここではより一般的にグラフを考察しよう。

> **定義**
> 集合 $V(\neq \phi)$ と $V \times V$（非順序対で考える）の元と対応をもつ集合 E の組 (V, E) を **グラフ** といい，V の要素を **点** または **頂点**，E の要素を **辺** という。

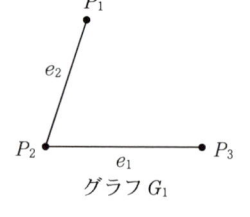

《説明》 ここではグラフを視覚的にとらえて定義しておく。V は点の集合なので
$$V = \{P_1, P_2, \cdots, P_n\}$$
と表しておくと，E の元は必ず V の2つの点を結んでいる辺となっているのがグラフ (V, E) である。

本書では V と E が有限集合である有限グラフのみ取り扱うことにする。

辺 e が P_i と P_j を結んでいるとき
$$e = (P_i, P_j) \quad \text{または} \quad e = (P_j, P_i)$$
とかく。また，グラフ G が組 (V, E) であるとき，
$$G = (V, E), \quad G(V, E)$$
などと表す。たとえば，右上のグラフ G_1, G_2 について，次のように表せる。

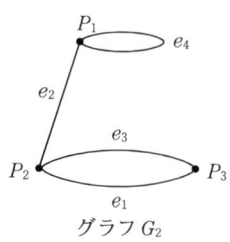

$G_1 = (V_1, E_1)$

　$V_1 = \{P_1, P_2, P_3\}$

　$E_1 = \{e_1, e_2\}, \quad e_1 = (P_2, P_3), \quad e_2 = (P_1, P_2)$

$G_2 = (V_2, E_2)$

　$V_2 = \{P_1, P_2, P_3\}$

　$E_2 = \{e_1, e_2, e_3, e_4\}, e_1 = (P_2, P_3), e_2 = (P_1, P_2), e_3 = (P_2, P_3), e_4 = (P_1, P_1)$

辺 e に対し，$e = (P, Q)$ のとき，

$\quad$ P, Q は辺 e の**端点**である

$\quad$ P, Q は辺 e に**接続**する

$\quad$ P と Q は**隣接**する

という。また，

$\quad$ 辺 e は P（または Q）に**接続**する

ともいう。辺 e_1, e_2 が同じ点 P に接続しているとき，

$$e_1 と e_2 は 隣接する$$

という。

さらに，同じ端点をもつ辺が複数あるとき，それらを**多重辺**といい，端点が同じである辺を**ループ**という。また，多重辺やループをもたないグラフを**単純グラフ**，単純グラフでないグラフを**多重グラフ**という。

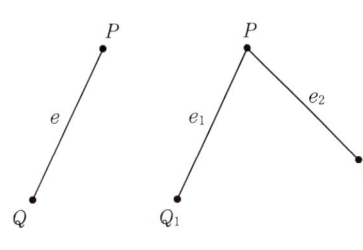

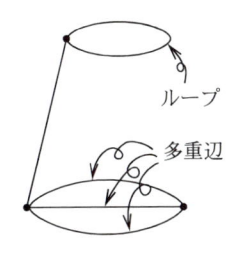

（説明終）

=== 定義 ===
2 つのグラフ
$$G = (V, E) \ \text{と} \ G' = (V', E')$$
について
$$V' \subseteqq V, \quad E' \subseteqq E$$
が成立しているとき，G' を G の**部分グラフ**といい，
$$G' \subseteqq G$$
とかく。

《説明》 G の部分グラフ G' とは，G' の頂点も辺も G の一部分である場合である。

$G' \subseteqq G$ で $G' \neq G$ のとき，G' を G の**真部分グラフ**という。また，$G' \subseteqq G$ で $V' = V$ のとき，G' を G の**全域部分グラフ**という。

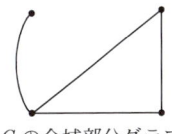

（説明終）

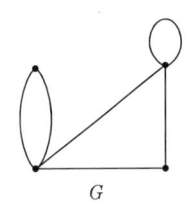

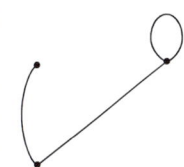

> **定義**
> 2つのグラフ G と G' の頂点と辺の接続状態が全く同じであるとき，2つのグラフは**同型**であるといい，$G \cong G'$ と表す．

《説明》 頂点の数と辺の数が全く同じで，さらに頂点と辺のつながり具合も全く同じである2つのグラフを同型という．たとえば右の3つのグラフ G_1, G_2, G_3 はすべてお互いに同型で

$$G_1 \cong G_2, \quad G_2 \cong G_3, \quad G_1 \cong G_3$$

である．対応する点を↔で示しておくが，対応は1通りとは限らない．

(説明終)

> **定義**
> グラフ G の頂点 P について，P に接続する辺の数を点 P の**次数**といい，$d(P)$ で表す．

《説明》 点 P から出ている辺の数が点 P の次数である．ループは2辺と数える．

$d(P) = 1$ である点 P を**端点**，

$d(P) = 0$ である点 P を**孤立点**

という．また，

$d(P)$ が偶数である点 P を**偶頂点**，

$d(P)$ が奇数である点 P を**奇頂点**

という．（$d(P) = 0$ の場合は偶頂点とはいわないことにする．） (説明終)

定理 5.1

グラフ $G = (V, E)$ において，$V = \{P_1, P_2, \cdots, P_p\}$ とし，辺の数を q とするとき，

$$\sum_{i=1}^{p} d(P_i) = 2q$$

が成立し，奇頂点の個数は偶数である．

【証明】 すべての頂点の次数の和

$$\sum_{i=1}^{p} d(P_i) = d(P_1) + d(P_2) + \cdots + d(P_p)$$

は，辺のほうからみれば，1つの辺に対して両端の次数で数えられているので，辺がループの場合も含めて，辺の数の2倍となる．つまり $2q$ に等しい．

また，V の奇頂点の集合を V_1，偶頂点の集合を V_2 とおくと

$$\sum_{i=1}^{p} d(P_i) = \sum_{P_i \in V_1} d(P_i) + \sum_{P_j \in V_2} d(P_j) = 2q$$

であり，$P_j \in V_2$ のときは $d(P_j)$ も $\sum_{P_j \in V_2} d(P_j)$ も偶数である．

ゆえに $\sum_{P_i \in V_1} d(P_i)$ も偶数だが，$P_i \in V_1$ のときは $d(P_i)$ は奇数なので，V_1 の元の個数は偶数個でなければならない． (証明終)

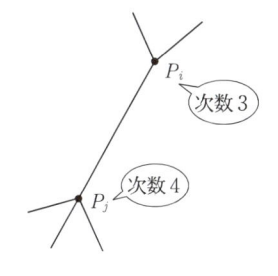

奇頂点の数は必ず偶数個なのね．

==== 例題 61 ====

G と G' とが同型となるように G' に辺を描き込んでみよう。ただし，P_i には $P_i'(i=1,2,\cdots,7)$ がそれぞれ対応しているものとする。

解 辺と頂点の隣接，接続状態が全く同じになるように，G' に辺を引けばよい。たとえば頂点 P_1 に接続している辺は 4 つあり，それらの他の端点は

$$P_2, P_3, P_6, P_7$$

なので，グラフ G' においては P_1' より

$$P_2', P_3', P_6', P_7'$$

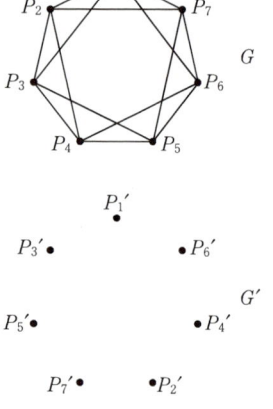

へ辺を描けばよい。このように順次 $P_1, P_2, \cdots, P_7$ について調べると下のような G と同型な G' ができる。　　　　　　　　　　　　　　　　（解終）

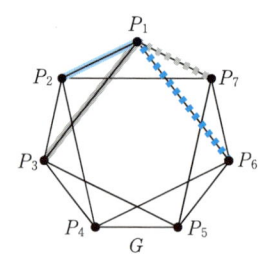

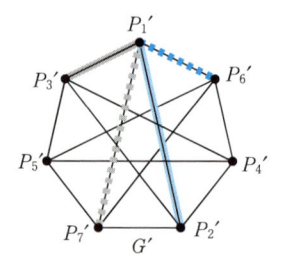

==== 練習問題 61 ====　解答は p.204

G と G'，G と G'' が同型となるように G'，G'' のグラフに頂点の番号を描きなさい。

ただし，点 i はそれぞれ点 i'，i'' に対応するものとする。

（右のグラフは **ピーターセングラフ** と呼ばれている。）

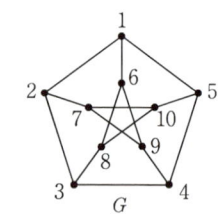

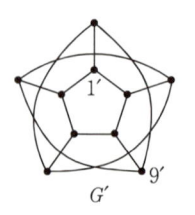

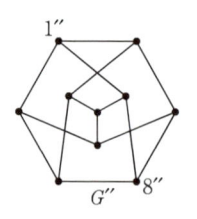

例題 62

右のグラフにおいて，
(1) 各頂点の次数を求め，端点，孤立点，偶頂点，奇頂点かどうか調べてみよう。
(2) 奇頂点の数が偶数であることを確認しよう。
(3) 頂点の次数の総和が辺の数の2倍であることを確認しよう。

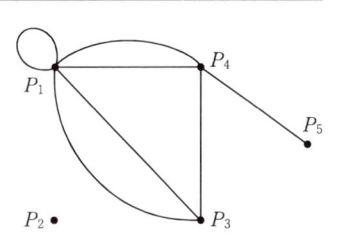

解 はじめに頂点の数 p と辺の数 q を求めると $p = 5$, $q = 7$ である。

(1) 次数は，その点に接続している辺の数である。ループに気をつけて求めると，

- $d(P_1) = 6$ より P_1 は 偶頂点
- $d(P_2) = 0$ より P_2 は 孤立点
- $d(P_3) = 3$ より P_3 は 奇頂点
- $d(P_4) = 4$ より P_4 は 偶頂点
- $d(P_5) = 1$ より P_5 は 奇頂点 であり，端点

(2) 奇頂点は P_3, P_5 の2個で偶数個である。

(3) 頂点の次数の総和
$$= 6 + 0 + 3 + 4 + 1 = 14$$
$2 \times$ (辺の数)
$$= 2 \times 7 = 14$$

よって，等しいことが確認された。　　　　　　　　　　　　　　　　　　　　（解終）

定理 5.1
- $\sum d(P_i) = 2 \times$ (辺の数)
- 奇頂点の数は偶数

練習問題 62　　解答は p.204

右のグラフについて，例題 62 と同じことを調べなさい。

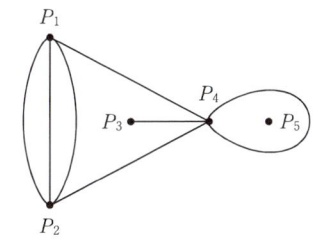

次に，グラフの点と辺のつながり状態を行列で表すことを考えよう。

定義

$G = (V, E)$ を頂点の数 p，辺の数 q のグラフとする。

（1） 次で定義される $p \times p$ 行列 A を G の **隣接行列** という。
$$A = (a_{ij}) \qquad a_{ij} = P_i \text{ と } P_j \text{ を結ぶ辺の個数}$$

（2） 次で定義される $p \times q$ 行列 M を G の **接続行列** という。
$$M = (m_{ij}) \qquad m_{ij} = P_i \text{ が } e_j \text{ に接続する回数}$$

《説明》（1） 隣接行列は各点どうしが何本の辺で結ばれているかを表している。

また，$a_{ij} = a_{ji}$ なので A は対称行列である。

$$\text{隣接行列} \quad A = \begin{array}{c} \\ P_1 \\ \vdots \\ P_i \\ \vdots \\ P_p \end{array} \begin{array}{c} P_1 \cdots P_j \cdots P_p \\ \left(\begin{array}{ccccc} & & \vdots & & \\ & & \vdots & & \\ \cdots & \cdots & a_{ij} & \cdots & \cdots \\ & & \vdots & & \\ & & & & \end{array} \right) \end{array}$$

（2） 接続行列は各点と各辺との接続状態を表していて，成分 m_{ij} は

　　P_i が e_j に接続していなければ 0

　　P_i が e_j の片方の端のみに接続していれば 1

　　e_j が P_i でループになっていれば 2

となる。次の例題と練習問題で実際につくってみよう。

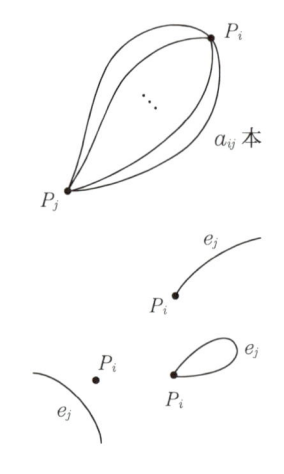

$$\text{接続行列} \quad M = \begin{array}{c} \\ P_1 \\ \vdots \\ P_i \\ \vdots \\ P_p \end{array} \begin{array}{c} e_1 \cdots e_j \cdots e_q \\ \left(\begin{array}{ccccc} & & \vdots & & \\ & & \vdots & & \\ \cdots & \cdots & m_{ij} & \cdots & \cdots \\ & & \vdots & & \\ & & & & \end{array} \right) \end{array}$$

> 行列の左と上に頂点や辺の名前を書いておくと求めやすいわよ。

（説明終）

例題 63

右のグラフの隣接行列 A と接続行列 M を求めてみよう。

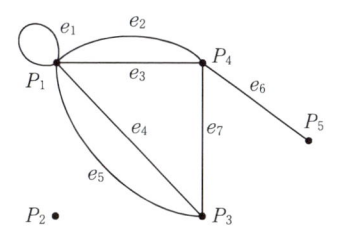

[解] 隣接行列 A の各成分 a_{ij} は

$$a_{ij} = P_i \text{ と } P_j \text{ とを結ぶ辺の数}$$

である。

$$A = \begin{array}{c} \\ P_1 \\ P_2 \\ P_3 \\ P_4 \\ P_5 \end{array} \begin{array}{c} P_1\ P_2\ P_3\ P_4\ P_5 \\ \begin{pmatrix} 1 & 0 & 2 & 2 & 0 \\ 0 & 0 & 0 & 0 & 0 \\ 2 & 0 & 0 & 1 & 0 \\ 2 & 0 & 1 & 0 & 1 \\ 0 & 0 & 0 & 1 & 0 \end{pmatrix} \end{array}$$

接続行列 M の各成分 m_{ij} は

$$m_{ij} = P_i \text{ が } e_j \text{ に接続する回数}$$

なので

$$M = \begin{array}{c} \\ P_1 \\ P_2 \\ P_3 \\ P_4 \\ P_5 \end{array} \begin{array}{c} e_1\ e_2\ e_3\ e_4\ e_5\ e_6\ e_7 \\ \begin{pmatrix} 2 & 1 & 1 & 1 & 1 & 0 & 0 \\ 0 & 0 & 0 & 0 & 0 & 0 & 0 \\ 0 & 0 & 0 & 1 & 1 & 0 & 1 \\ 0 & 1 & 1 & 0 & 0 & 1 & 1 \\ 0 & 0 & 0 & 0 & 0 & 1 & 0 \end{pmatrix} \end{array}$$

隣接行列は対称行列よ。ループに気をつけてね。

接続行列 M の第 i 行の和は $d(P_i)$ に等しく，第 j 列の和は常に 2（辺 e_j は 2 点と接続）である。　　　　　　　　　　　　　　　　　　（解終）

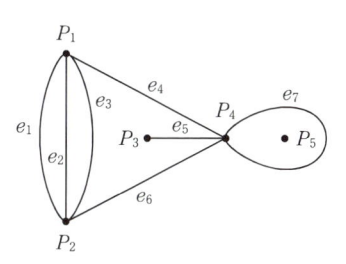

練習問題 63　解答は p.204

右のグラフの隣接行列 A と接続行列 M を求めなさい。

例題 64

次の行列 A を隣接行列としてもつグラフを描いてみよう。

$$A = \begin{pmatrix} 0 & 1 & 3 \\ 1 & 1 & 0 \\ 3 & 0 & 0 \end{pmatrix}$$

解 A は 3×3 行列なので点の数は 3 個である。それらを P_1, P_2, P_3 とし，行列 A の左と上に補助的に記入しておく。

$$A = \begin{array}{c} \\ P_1 \\ P_2 \\ P_3 \end{array} \begin{array}{c} P_1\ P_2\ P_3 \\ \begin{pmatrix} 0 & 1 & 3 \\ 1 & 1 & 0 \\ 3 & 0 & 0 \end{pmatrix} \end{array}$$

次に，P_1, P_2, P_3 の点を描き，A の各成分を見ながら 2 つの点の間に何本の辺があるかを調べる。たとえば，$a_{31} = 3$ より

　　　　P_3 と P_1 は 3 本の辺で結ばれる

ことがわかり，P_3 と P_1 に 3 本の辺を描く。このようにして辺を描き加えると，下のグラフができあがる。　　　　　　　　　　　　　　（解終）

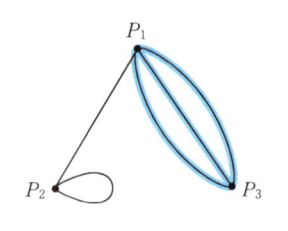

$a_{22}=1$ は P_2 がループをもっていることを示しています。

練習問題 64

解答は p.204

次の行列 B を隣接行列としてもつグラフを描きなさい。

$$B = \begin{pmatrix} 0 & 1 & 1 & 2 \\ 1 & 0 & 1 & 1 \\ 1 & 1 & 0 & 2 \\ 2 & 1 & 2 & 1 \end{pmatrix}$$

例題 65

次の行列 M を接続行列としてもつグラフを描いてみよう。

$$M = \begin{pmatrix} 1 & 1 & 0 & 0 & 1 & 0 \\ 1 & 1 & 1 & 1 & 0 & 0 \\ 0 & 0 & 1 & 1 & 1 & 2 \end{pmatrix}$$

[解] M は 3×6 行列なので，点の数は 3，辺の数は 6 のグラフである。

点を P_1, P_2, P_3

辺を e_1, e_2, e_3, e_4, e_5, e_6

として，はじめに点を描き，M にも点と辺の名前を記入しておく。

$$M = \begin{pmatrix} & e_1 & e_2 & e_3 & e_4 & e_5 & e_6 \\ P_1 & 1 & 1 & 0 & 0 & 1 & 0 \\ P_2 & 1 & 1 & 1 & 1 & 0 & 0 \\ P_3 & 0 & 0 & 1 & 1 & 1 & 2 \end{pmatrix}$$

次に第 1 列から順にみて，各辺がどの点と接続するかを調べ，グラフに描き加えていく。たとえば第 1 列は e_1 の情報を表していて，e_1 が P_1 と P_2 に接続していることを示している。したがって，P_1 と P_2 を結んだ辺が e_1 である。このようにして下のグラフができあがる。　　　　　　　　　　　　　　　（解終）

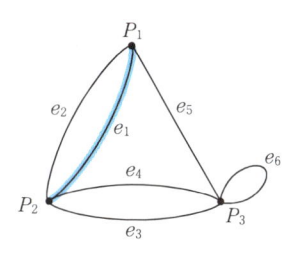

P_3 は e_6 と 2 回接続しているので，ループになっているのよ。

練習問題 65

解答は p. 205

次の行列 M を接続行列にもつグラフを描きなさい。

$$M = \begin{pmatrix} 1 & 1 & 1 & 0 & 0 & 1 \\ 1 & 1 & 1 & 0 & 0 & 0 \\ 0 & 0 & 0 & 2 & 1 & 0 \\ 0 & 0 & 0 & 0 & 1 & 1 \end{pmatrix}$$

2 経　路

定義

グラフ G の頂点と辺の交互に現われる有限な列
$$W = P_0 e_1 P_1 e_2 P_2 \cdots e_n P_n$$
を**経路**または**歩道**（walk）という。

《説明》 経路 W において，$i \neq j$ であっても $P_i = P_j$ や $e_i = e_j$ であってもよい。P_0 を W の始点，P_n を W の終点といい，このとき W を P_0-P_n 経路という。また，辺の数 n を W の**長さ**といい，$l(W)$ で表す。W が少なくとも1辺をもち，始点と終点が同じ点のとき**閉じている**という。

右のグラフにおいて
$$W_1 = P_1 e_1 P_2 e_3 P_4 e_5 P_4 e_4 P_3 e_2 P_2$$
$$W_2 = P_3 e_7 P_5 e_8 P_4 e_8 P_5 e_6 P_3$$

とおくと

W_1 は P_1-P_2 経路で $l(W_1) = 5$，閉じていない。

W_2 は P_3-P_3 経路で $l(W_2) = 4$，閉じている。

グラフが単純グラフであれば，経路は
$$P_0 P_1 \cdots P_n$$
と頂点の列で表してもよい。

さらに，

　　すべての辺が異なる経路を**小道**（trail）

　　すべての点が異なる小道を**道**（path）

という。右のグラフにおいて，
$$T_1 = P_1 e_1 P_2 e_2 P_3 e_6 P_5 e_7 P_3 e_4 P_4$$
は小道であるが道ではない。
$$T_2 = P_1 e_1 P_2 e_3 P_4 e_8 P_5 e_7 P_3$$
は小道であり道である。

一般に，道は小道である。

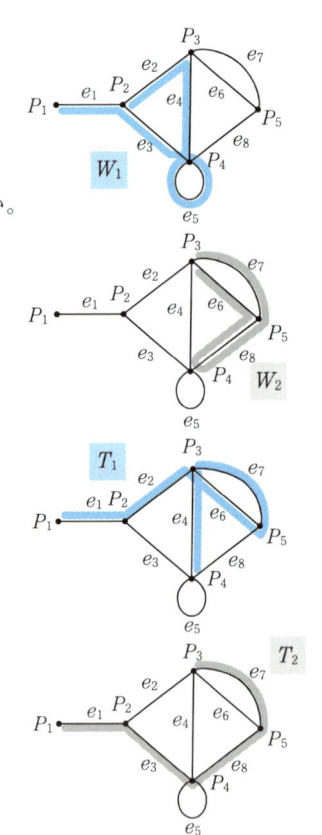

定義

始点と終点以外はすべて異なる頂点からなる閉じた小道を **閉路**（cycle）といい，長さ n の閉路を **n-閉路** という。

《説明》 "閉じている" と "閉路" とは定義が異なるので気をつけよう。右図において，

$$C_1 = P_3 e_2 P_2 e_3 P_4 e_8 P_5 e_7 P_3$$

は "閉じている" 小道であり，"閉路でもある"。一方，

$$C_2 = P_3 e_2 P_2 e_3 P_4 e_5 P_4 e_8 P_5 e_6 P_3$$

は "閉じている" 小道であるが，"閉路ではない"。 （説明終）

定理 5.2

すべての頂点の次数が 2 以上である有限グラフは必ず閉路を含む。

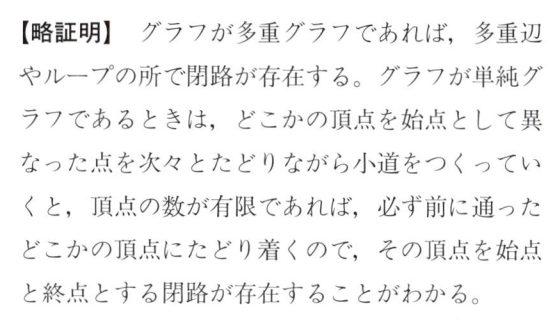

【略証明】 グラフが多重グラフであれば，多重辺やループの所で閉路が存在する。グラフが単純グラフであるときは，どこかの頂点を始点として異なった点を次々とたどりながら小道をつくっていくと，頂点の数が有限であれば，必ず前に通ったどこかの頂点にたどり着くので，その頂点を始点と終点とする閉路が存在することがわかる。

（略証明終）

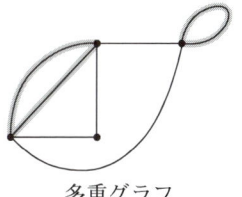

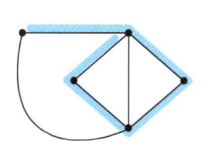

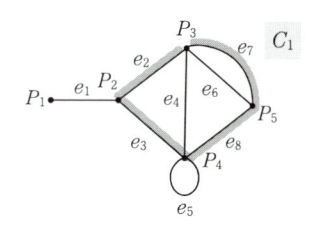

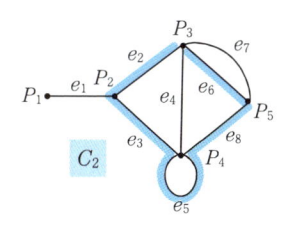

閉路
始点と終点が同じでそれ以外の頂点と辺はすべて異なる経路

閉じた経路
始点と終点が同じ経路

小道（trail）
すべての辺が異なる経路

道（path）
すべての点が異なる小道

多重グラフ　　単純グラフ

> **定理 5.3**
>
> グラフ $G=(V, E)$ において $V=\{P_1, P_2, \cdots, P_p\}$ とし, 隣接行列を A とする. このとき, A^n の (i, j) 成分 $a_{ij}{}^{(n)}$ は長さ n の P_i-P_j 経路の数に等しい.

【証明】 n に関する数学的帰納法で示す.

$n=1$ のとき

隣接行列 A の (i, j) 成分 $a_{ij}=a_{ij}{}^{(1)}$ について,

$$a_{ij}{}^{(1)} = P_i と P_j とを結ぶ辺の個数$$
$$= P_i と P_j の長さ 1 の P_i\text{-}P_j 経路の数$$

なので成立する.

$n=k$ のとき

$$A^k の (i, j) 成分 a_{ij}{}^{(k)} は長さ k の P_i\text{-}P_j 経路の数$$

が成立していると仮定する.

$n=k+1$ のとき

A^{k+1} の (i, j) 成分 $a_{ij}{}^{(k+1)}=(A^k \cdot A)$ の (i, j) 成分

$= (A^k の第 i 行)$ と $(A の第 j 列)$ との積和

$= (a_{i1}{}^{(k)}\ a_{i2}{}^{(k)}\ \cdots\ a_{ip}{}^{(k)})$ と $\begin{pmatrix} a_{1j}{}^{(1)} \\ a_{2j}{}^{(1)} \\ \vdots \\ a_{pj}{}^{(1)} \end{pmatrix}$ との積和

$= a_{i1}{}^{(k)}a_{1j}{}^{(1)} + a_{i2}{}^{(k)}a_{2j}{}^{(1)} + \cdots + a_{ip}{}^{(k)}a_{pj}{}^{(1)}$

帰納法の仮定を用いると(右下図参照)

$= $ 長さ $(k+1)$ の P_i-P_j 経路の数

これで, すべての自然数 n について, 定理が成立することが示せた. (証明終)

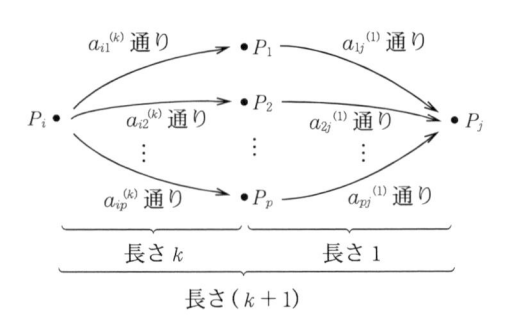

=== 例題 66 ===

右の隣接行列 A をもつグラフ G において，
　　　　長さ 3 の P_1-P_4 経路の数
を求めてみよう。

$$A = \begin{pmatrix} 0 & 1 & 3 & 1 \\ 1 & 1 & 0 & 1 \\ 3 & 0 & 0 & 0 \\ 1 & 1 & 0 & 0 \end{pmatrix}$$

[解] 定理 5.3 より，長さ 3 の P_1-P_4 経路の数は

$$A^3 \text{ の } (1, 4) \text{ 成分 } a_{14}^{(3)}$$

である。

$a_{14}^{(3)} = A^3$ の $(1, 4)$ 成分

$= (A^2 \cdot A)$ の $(1, 4)$ 成分

$= (A^2 \text{ の第 1 行}) \text{ と } (A \text{ の第 4 列}) \text{ の積和}$

より，A^2 の第 1 行を先に求めると

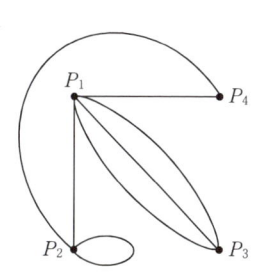

$$A^2 = AA = \begin{pmatrix} 0 & 1 & 3 & 1 \\ \cdots & \cdots & \cdots & \cdots \\ \cdots & \cdots & \cdots & \cdots \\ \cdots & \cdots & \cdots & \cdots \end{pmatrix} \begin{pmatrix} 0 & 1 & 3 & 1 \\ 1 & 1 & 0 & 1 \\ 3 & 0 & 0 & 0 \\ 1 & 1 & 0 & 0 \end{pmatrix} = \begin{pmatrix} 11 & 2 & 0 & 1 \\ \cdots & \cdots & \cdots & \cdots \\ \cdots & \cdots & \cdots & \cdots \\ \cdots & \cdots & \cdots & \cdots \end{pmatrix}$$

したがって，

$$a_{14}^{(3)} = (11\ 2\ 0\ 1) \text{ と } \begin{pmatrix} 1 \\ 1 \\ 0 \\ 0 \end{pmatrix} \text{ の積和}$$

$$= 11 \times 1 + 2 \times 1 + 0 \times 0 + 1 \times 0 = 13$$

ゆえに 13 個 ある。　　　　　　　　　　　　　（解終）

> 行列の積は必要なところだけ計算すればいいわよ。

練習問題 66　　　　　　　　　　　　解答は p. 205

例題 66 のグラフ G において
　　　　長さ 4 の P_3-P_4 経路の数
を求めなさい。

第5章 グラフ

> **定義**
> グラフ G の任意の2点 P, Q について P-Q 経路が存在するとき，G は **連結** であるという。連結でないとき，**非連結** という。

《説明》 連結とは G のすべての頂点や辺がつながっているということ。
(説明終)

> **定義**
> G を単純連結グラフとし，2個以上の頂点をもつとする。
> G より点 P とそれに接続している辺をすべて取り除くとグラフが非連結になるとき，P を G の **切断点** または **分離点** という。
> また，G より辺 e を取り除いたグラフが非連結となるとき，e を G の **橋** または **分離辺** という。

《説明》 G より点 P とそれに接続している辺をすべて取り除いたグラフを $G-P$，G より辺 e を取り除いたグラフを $G-e$ で表すことにする。右の単純連結グラフ G では

$$G-P_1, \quad G-P_2$$

はともに連結グラフではないので，P_1 と P_2 は G の切断点である。また，

$$G-e$$

も連結グラフでないので e は G の橋である。

グラフ G をある地域の市を結ぶ道路地図とみなせば，P_1 市や P_2 市または道路 e が災害等で通れなくなれば，この地域は分断されてしまうことを示している。
(説明終)

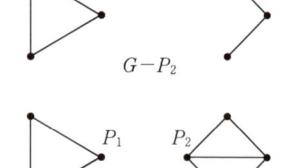

例題 67

右のグラフ G の切断点と橋をすべて見つけてみよう。

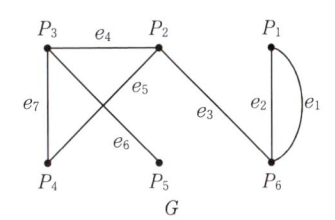

解 $G-P_i$ が非連結グラフになってしまう点 P_i をさがす。$G-P_i$ とは G から P_i とそれに接続している辺をすべて取り除いたグラフであった。

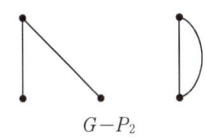

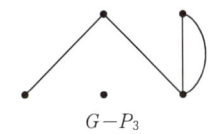

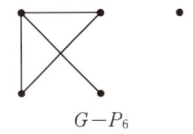

より G の切断点は P_2, P_3, P_6 である。

また，$G-e_i$ が非連結グラフとなってしまう辺 e_i をさがすと

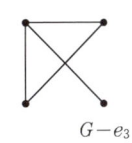

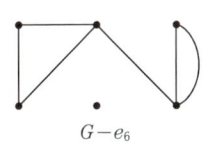

なので，G の橋は e_3, e_6 である。（解終）

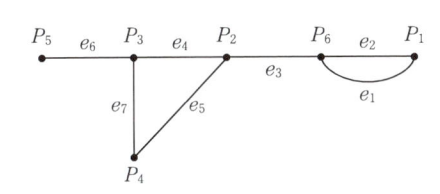

> 上のグラフ G を左のように同型なグラフに描き直すと見つけやすいわよ。

練習問題 67   解答は p.205

右のグラフの切断点と橋をすべて求めなさい。

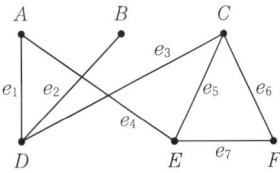

3 いろいろなグラフ

ここでは，いろいろな性質をもっているグラフを簡単に紹介しよう。

〈1〉完全グラフと正則グラフ

定義

どの2頂点も隣接している単純グラフを**完全グラフ**という。

《説明》 頂点の数が n 個の完全グラフを K_n と書く。K_n は n 個のどの頂点もお互いに辺で結ばれている単純グラフのことである。

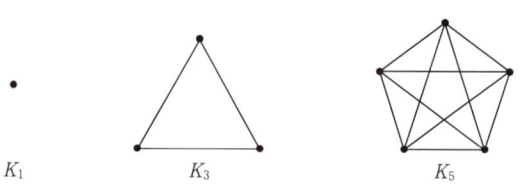

K_1　K_3　K_5

（説明終）

定義

各頂点の次数が等しいグラフを**正則グラフ**という。

《説明》 正則グラフとは，各頂点から出ている辺の本数がすべて等しいグラフのことである。すべての頂点の次数が r のとき，**r-正則グラフ**という。K_n は $(n-1)$-正則グラフである。

> 完全グラフ K_n は同型を除いて1つしかないけど，r-正則グラフは1つとは限らないわよ。

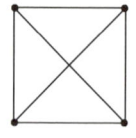

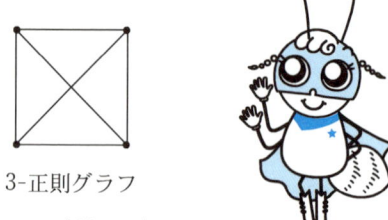

1-正則グラフ　　2-正則グラフ　　3-正則グラフ

（説明終）

例題 68

（1） 完全グラフ K_2, K_4 を描いてみよう。

（2） 完全グラフではない 2-正則グラフ，3-正則グラフ，4-正則グラフを描いてみよう。

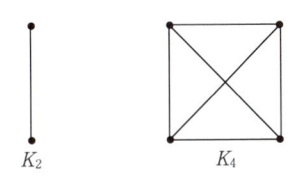

解　（1）　完全グラフ K_n を描くには，まず n 個の頂点を描き，それらをお互いにすべて結べばよい。$K_2 = 1$-正則グラフ，$K_4 = 3$-正則グラフ　である。

K_2　　　K_4

（2）　r-正則グラフは1つの点から r 本の辺が出ているので，単純グラフであれば頂点の数は $(r+1)$ 以上なくてはいけない。たとえば次のようなグラフがある。

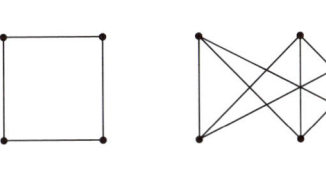

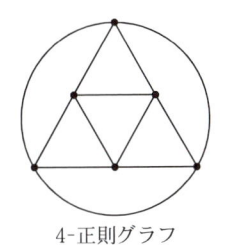

2-正則グラフ　　　3-正則グラフ　　　4-正則グラフ

（解終）

練習問題 68　　　　　　　　　　　　　　　　　　解答は p. 205

（1）　完全グラフ K_6 を描きなさい。

（2）　完全グラフではない 2-正則グラフ，3-正則グラフ，4-正則グラフ で，例題 68 (2) のグラフと同型ではないグラフを描きなさい。

〈2〉2部グラフ

> **定義**
>
> $G=(V,E)$ とし,E の要素である辺は
> $$V = V_1 \cup V_2, \quad V_1 \cap V_2 = \phi \quad (V_1 \neq \phi, V_2 \neq \phi)$$
> となるような V の部分集合 V_1 と V_2 の頂点を結ぶようにできるとき,G を **2部グラフ** という。さらに V_1 と V_2 のすべての頂点が互いに結ばれている単純 2 部グラフを **完全 2 部グラフ** といい,$K(m,n)$ で表す。(ただし,$m=V_1$ の要素の数,$n=V_2$ の要素の数とする。)

《説明》 G の頂点が 2 つのグループに分かれていて,辺はそれらのグループを結ぶようにしか存在しないときが,2 部グラフである。たとえば下左のグラフは,下右のように描き直すことができるので 2 部グラフであることがわかる。

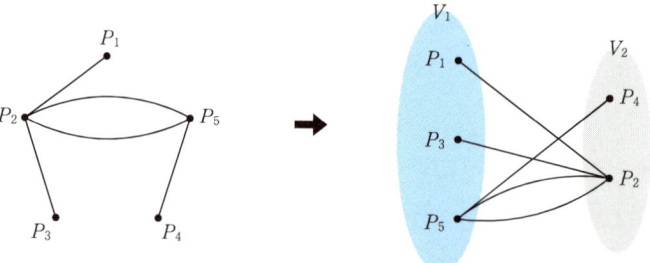

次の図は完全 2 部グラフ $K(2,3)$ である。特に $K(1,n)$ を星グラフという。

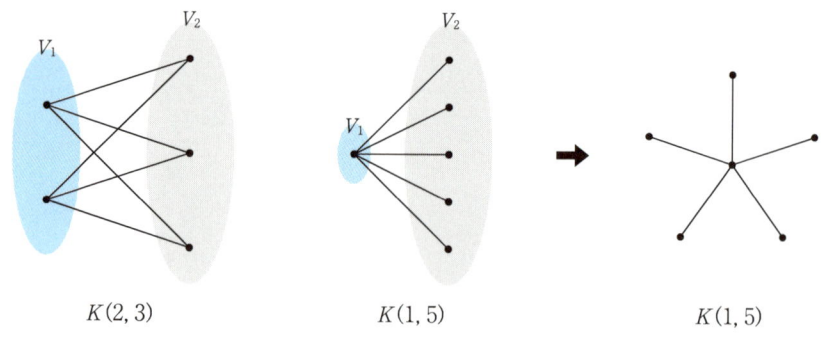

$K(2,3)$　　　　$K(1,5)$　　　　$K(1,5)$

一般に,完全 2 部グラフ $K(m,n)$ は mn 個の辺をもっている。　　(説明終)

例題 69

(1) 右のグラフを，頂点の集合を 2 つに分けて描き直し，2 部グラフであることを確認しよう。

(2) $K(2,4)$ と $K(1,3)$ を描いてみよう。

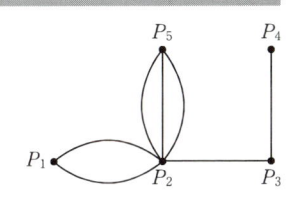

解 (1) $V_1 = \{P_1, P_3, P_5\}$, $V_2 = \{P_2, P_4\}$ とおくと，右図のように辺は V_1 の頂点と V_2 の頂点を結ぶものしかないので 2 部グラフであることがわかる。

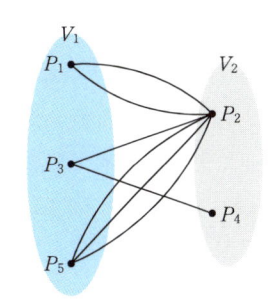

(2) $K(2,4)$ は頂点の数 2 個と 4 個の完全 2 部グラフのこと。$K(1,3)$ は頂点の数 1 個と 3 個の完全 2 部グラフのこと。それぞれ次のようになる。(同型なグラフであれば，どのような形でもよい。)

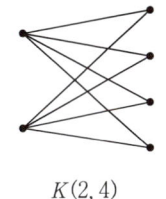

$K(2,4)$ 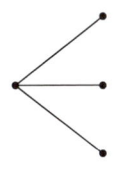　　　$K(1,3)$

(解終)

練習問題 69　　　解答は p.206

(1) 右のグラフを描き直し，2 部グラフであることを確認しなさい。

(2) $K(3,3)$ と $K(1,6)$ を描きなさい。

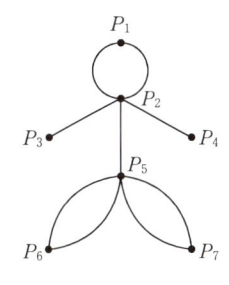

〈3〉木グラフ

> **定義**
> 閉路をもたない連結グラフを **木 (tree) グラフ** という。

《説明》 閉路とは

> 始点と終点が同じであり，他の頂点と辺はすべて異なる経路

であった。このような閉路を1つも含まない連結グラフが木グラフである。文字どおり，「木」は木グラフである。木グラフは次の定理 5.4 の性質をもっている。また，グラフが木グラフであるための条件については，定理 5.5 が成立している。　　　　(説明終)

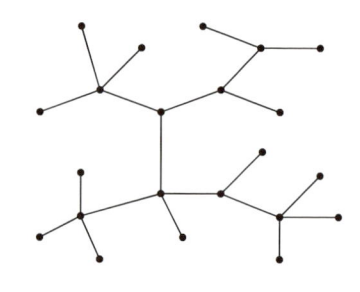

> **定理 5.4**
> 2 個以上の頂点をもつグラフ T について，次の命題は同値である。
> (ⅰ)　T は木グラフである。
> (ⅱ)　T の任意の 2 頂点に対し，それらを結ぶただ 1 つの道が存在する。
> (ⅲ)　T は連結であり，かつ T のどの辺を除いても連結ではなくなる。
> (ⅳ)　T は閉路を含まず，かつ辺をどのように 1 本加えても閉路を 1 つもつグラフとなる。

> **定理 5.5**
> n 個の頂点からなる連結グラフが木グラフであるための必要十分条件は $n-1$ 個の辺をもつことである。

《説明》 頂点の数 n に関する数学的帰納法により示される。　　　　(説明終)

==== 例題 70 ====

頂点の数 n が

（1） $n=2$ 　（2） $n=3$ 　（3） $n=5$

の場合の木グラフを描いてみよう。

解 定理 5.5 より頂点の数が n の木グラフの辺の数は $n-1$ である。同型の場合を除いて求めてみよう。

（1） $n=2$ のとき，辺の数は 1 であり，次の 1 つしかない。

> $n=3$ のとき ∧や∨はどれも │ と同型よ。

（2） $n=3$ のとき，辺の数は 2 なので，やはり 1 つしかない。

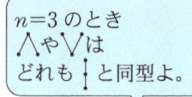

（3） $n=5$ のとき，辺の数は 4 である。閉路ができないように 5 個の頂点を結ぶと，次の 3 通りが考えられる。

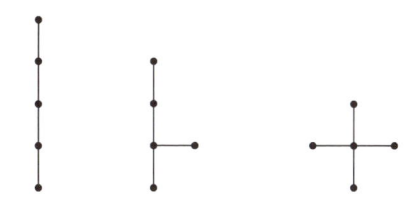

(解終)

==== 練習問題 70 ====　　解答は p.206

頂点の数が $n=6$ の場合の木グラフを（同型を除いて）全部描きなさい。

定義

グラフ G の部分グラフ T が G のすべての頂点を含む木グラフであるとき，T を G の**全域木**という。

《説明》 1つのグラフ G に対して，全域木は1つとは限らない。G の頂点の数が n 個のとき，定理 5.5 より全域木の辺の数は必ずどれも $n-1$ 個になる。

(説明終)

=== 例題 71 ===

右のグラフ G の全域木をすべて求めてみよう。

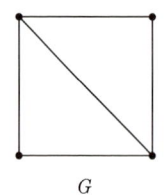

解 G の頂点の数は 4 個なので，全域木は $4-1=3$ 個の辺をもつ木である。G は 5 個の辺をもっているのでその中から 3 つの辺を選ぶ方法は

$$_5C_3 = \frac{5 \cdot 4 \cdot 3}{3 \cdot 2 \cdot 1} = 10$$

ゆえに，3つの辺をもつ部分グラフは 10 個考えられるが，このうち木となるのは右の $T_1 \sim T_8$ の 8 個のみなので，これらが G のすべての全域木である。 (解終)

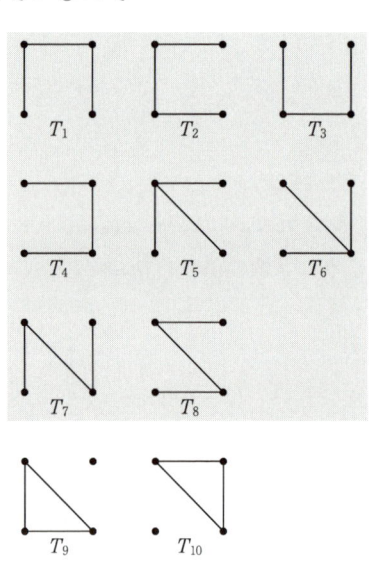

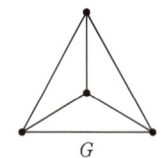

=== 練習問題 71 === 解答は p.206 ===

右のグラフ G の全域木をすべて求めなさい。

=== 定義 ===
　特別な頂点が1つ定められている木グラフを **根付き木** といい，特別な頂点を **根** という。

《説明》　木グラフにおいて，1つの頂点 R を根として定めると，その頂点を基として他の頂点は木のような状態に描くことができる。

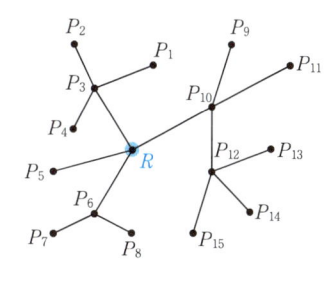

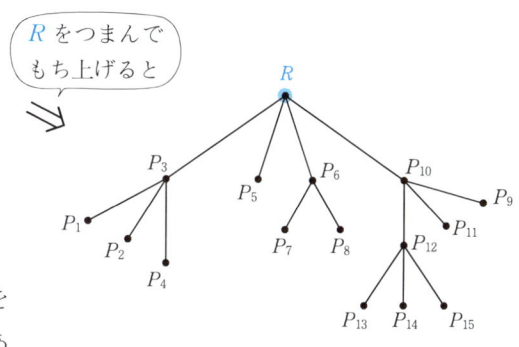

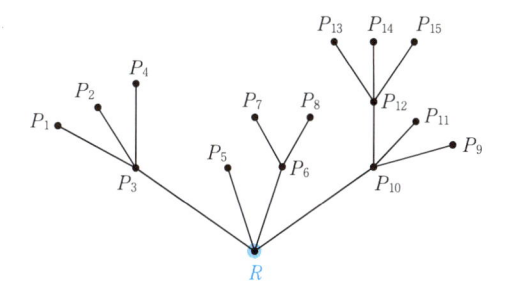

　根 R 以外の次数1の頂点を **葉** という。つまり，先端にある頂点のことである。また，辺を **枝** ということもある。

　根 R は木のすべての頂点と必ず1本の道（path）で結ばれている。R からその頂点までの道の長さを，その頂点の **深さ**，**水準** などという。各頂点の水準の値を"深さ"と解釈する場合は R を一番上に，水準で"順序"を導入するときは，ハッセ図のように R を一番下に描くこともある。本質的にはいずれも同じである。

　根付き木は，場合分けが有限通りの事象や，論理的に可能な場合をすべて数え上げるための手段として利用される。

（説明終）

例題 72

右グラフを，点 P を根としていちばん上に書いて，描き直してみよう。また点 A, B, Q の水準を求めてみよう。

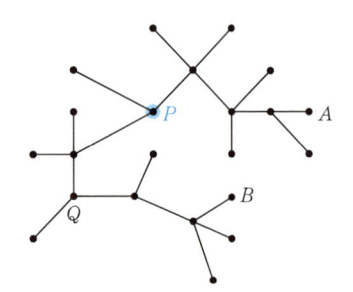

解 点 P を根としていちばん上に書き，水準ごとに深くなる感じでグラフを描き直すと右のようになる。グラフの描き方は 1 通りではないが，線と点のつながり具合はみな同じである。P から各点への道の長さが水準なので

A の水準 $= \boxed{4}$

B の水準 $= \boxed{5}$

Q の水準 $= \boxed{2}$

である。　　　　　　　　　　（解終）

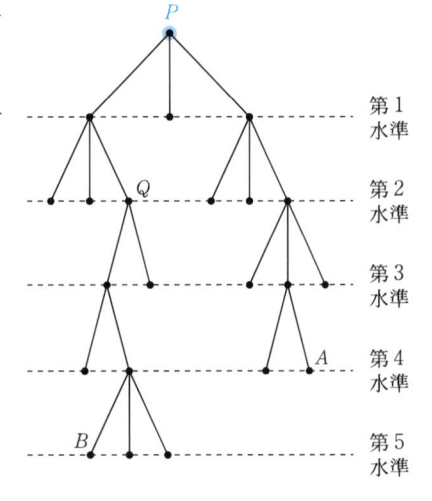

> 生物の本でよく見かける生物進化の系統樹も木グラフなのね。

練習問題 72　　　　　　　　　　解答は p.206

例題 72 と同じグラフを，点 Q を根としていちばん上に書き，描き直しなさい。また，このときの頂点 P, A, B の水準を求めなさい。

§2　平面的グラフ

1 平面的グラフ

定義

平面上に描かれたどの辺も交差していないグラフを **平面グラフ** という。また，平面グラフと同型なグラフを **平面的である** という。

《説明》　グラフが平面的であるとは，点と辺の隣接，接続状態をそのまま維持し，点と辺の配置を変えることにより辺が交差しないように平面上に描き直せるグラフのことである。たとえば下図左のグラフ G は，平面グラフである G_1 や G_2 に同型なので平面的である。

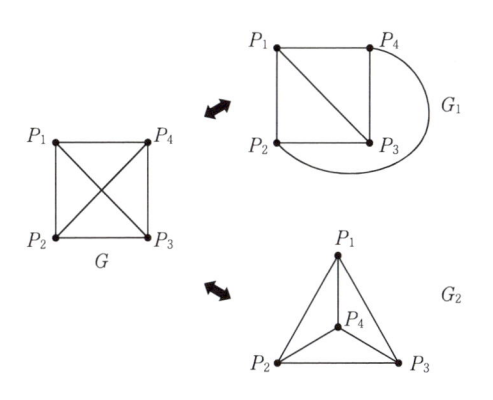

> グラフが平面的かどうかは電気回路を基盤へ焼きつける場合などに，大きな問題となるのよ。

平面グラフは，平面を辺によりいくつかの領域に分ける。右の平面グラフは平面を

$$r_1, r_2, r_3, r_4, r_5$$

の5つの領域に分けている。このうち r_1, r_2, r_3, r_4 は有限な領域で閉じた経路を境界にもつが，外側の r_5 は有限な領域ではない。これを **無限領域** という。

（説明終）

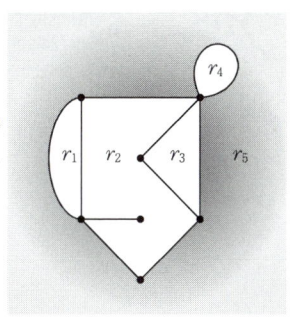

連結な平面グラフでは，頂点の数，辺の数，領域の数の間に，次の有名なオイラーの公式が成立する。

定理 5.6 [オイラーの公式]

G を連結な平面グラフとする。G の

頂点の数を p，辺の数を q，領域の数を r

とするとき，

$$p - q + r = 2$$

が成立する。（ただし，$p \geqq 1$，$q \geqq 0$）

《説明》 頂点の数 p と辺の数 q に関する数学的帰納法により示される。

次の例題と練習問題で具体的に確認してみよう。 (説明終)

例題 73

右の平面グラフにおいて

頂点の数 p，辺の数 q，領域の数 r

を求め，オイラーの公式を確認してみよう。

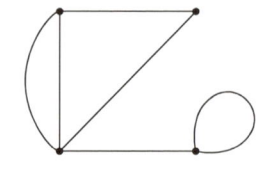

[解] $p=4$，$q=6$，$r=4$ より

$$p - q + r = 4 - 6 + 4 = 2$$

ゆえに，オイラーの公式が成立している。

(解終)

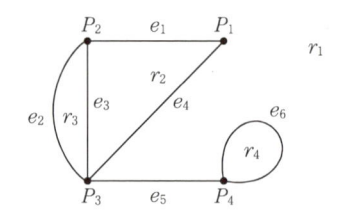

> 外側の無限領域も忘れないでね。

練習問題 73 解答は p.207

右の平面グラフにおいて，オイラーの公式が成立していることを確認しなさい。

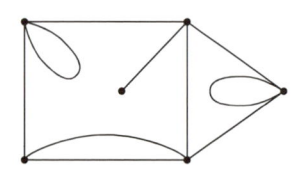

定理 5.7

単純な連結平面グラフ G の頂点の個数を p $(p \geqq 3)$,辺の個数を q とするとき,次の不等式が成立する。
$$q \leqq 3p - 6$$

【証明】 平面グラフ G ではオイラーの公式
$$p - q + r = 2$$
が成立する。いま,G は単純グラフなので,領域の境界は無限領域も含め,3つ以上の辺からなる閉じた経路である。そこで

 $L =$ 境界のつくる経路の長さの総和

とすると,$L \geqq 3r$ となる。一方,1つの辺は 2 つの領域の境界となっているので,$L = 2q$ である。ゆえに
$$3r \leqq 2q$$
が成立する。一方,オイラーの公式より
$$r = 2 - p + q$$
が成立しているので,代入すると
$$3(2 - p + q) \leqq 2q \quad より \quad q \leqq 3p - 6$$
(証明終)

定理 5.8

完全グラフ K_5 は平面的グラフではない。

【証明】 K_5 は単純,連結グラフであり,
$$p = 5, \quad q = 10$$
である。もし K_5 が平面的ならば上記定理 5.7 より
$$q \leqq 3p - 6$$
が成立する。しかし,$p = 5$,$q = 10$ を代入すると
$$10 \leqq 3 \cdot 5 - 6 = 9$$
となり矛盾。ゆえに K_5 は平面的グラフではない。
(証明終)

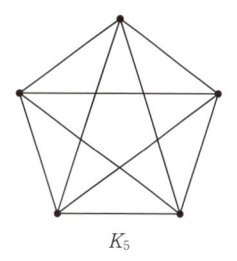

158 第5章 グラフ

> **定理 5.9**
> 完全 2 部グラフ $K(3,3)$ は平面的グラフではない。

【証明】 $K(3,3)$ は単純，連結グラフであり，
$$p=6, \quad q=9$$
である。もし平面的であれば平面グラフに表したとき，オイラーの公式が成立するので，平面の数は
$$p-q+r=2 \quad \text{より} \quad r=2-p+q=2-6+9=5$$
である。一方，$K(3,3)$ は 2 部グラフなので 3 つの辺では領域はできず，必ず 4 つ以上の辺をもつので，境界の長さの総和を考えることにより
$$4r \leqq 2q$$
が成立する。しかし，$q=9, r=5$ より $20 \leqq 18$ となり矛盾。ゆえに $K(3,3)$ は平面的ではない。 (証明終)

> **定理 5.10 [クラトフスキーの定理]**
> 単純グラフが平面的であるための必要十分条件は，K_5 または $K(3,3)$ の辺上に頂点をつけ加えた形の部分グラフを含まないことである。

《説明》 K_5 と $K(3,3)$ は単純グラフが平面的かどうかという問題において重要なはたらきをする。部分グラフとして K_5 や $K(3,3)$，またはこれらのグラフの辺上に点を加えたグラフ（**同相なグラフ**という）を含まないことが，グラフが平面的であるための必要十分条件となっているのである。

右図は**ピーターセングラフ**と，それを描き直したグラフである。下側のグラフは $K(3,3)$ と同相な部分グラフを含んでいるので，ピーターセングラフは平面的ではない。つまり，いくら描き直しても，辺が交わらないように平面上に描き直すことはできないことが，この定理より保障される。 (説明終)

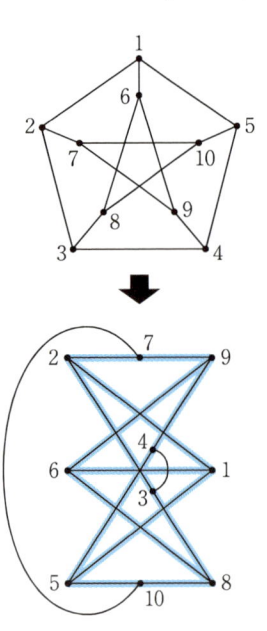

2 オイラーグラフとハミルトングラフ

> **定義**
> すべての辺を含む閉じた小道をもつ連結グラフを**オイラーグラフ**という。

《説明》 すべての辺を含む小道（**周遊小道**）をもつグラフを **周遊可能** なグラフという。つまり一筆描きが可能なグラフのことである。これらの中で，特に始点と終点が同じである閉じた周遊小道（**オイラー小道**）をもつグラフをオイラーグラフという。　　　　　　　　　　　　　　　　（説明終）

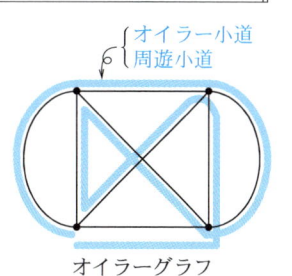

- 小道
  - 辺がすべて異なる経路 —— trail
- 道
  - 頂点がすべて異なる経路 —— path

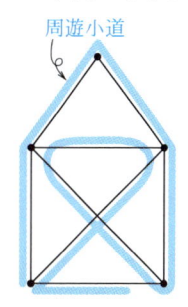

> **定理 5.11**
> 連結なグラフ G がオイラーグラフであるための必要十分条件は，G の頂点がすべて偶頂点であることである。

《説明》 すべての頂点の次数が偶数であれば，どの頂点から出発しても各頂点で"出る"，"入る"をくり返して辺をたどっていけばオイラー小道をつくることができる。この定理より，グラフがオイラーグラフかどうかは，頂点の次数を調べさえすればよいことになる。

また，周遊可能なグラフであるための必要十分条件は，すべての頂点が偶頂点か，または奇頂点がちょうど2個存在することである。後者の場合，2つある奇頂点のうち，片方が始点，片方が終点となり，グラフを周遊する小道が得られる。

（説明終）

例題 74

頂点の次数を調べることにより次のグラフが
　　　周遊可能グラフ
　　　オイラーグラフ
かどうかを調べてみよう。

また，周遊可能グラフについては周遊小道またはオイラー小道を求めてみよう。

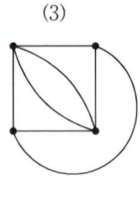

解　(1) 各頂点の次数を書き込むと，右図のようにすべて3となるので，周遊可能グラフではない。

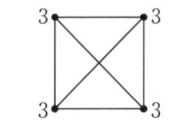

(2) 各頂点の次数を書き込むと次のようになる。すべての頂点の次数は偶数なので オイラーグラフである 。オイラー小道は，たとえば右図のようになる。

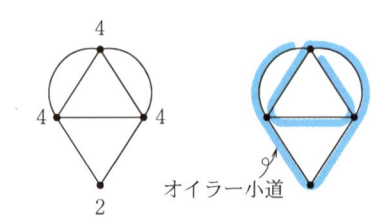

(3) 奇頂点が2個なので 周遊可能グラフである が，オイラーグラフではない 。周遊小道はたとえば右図の通り。

（解終）

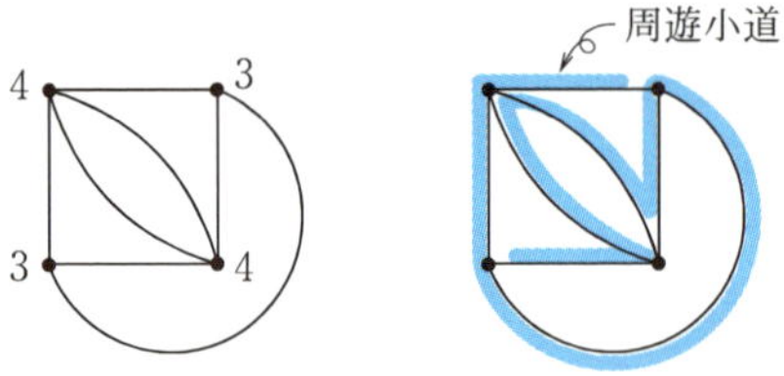

練習問題 74　　　　　　　　　　解答は p.207

右のグラフが
　　　周遊可能グラフ
　　　オイラーグラフ
かどうかを調べ，周遊小道またはオイラー小道を求めなさい。

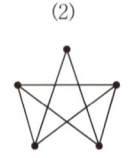

§2 平面的グラフ

定義

各点をちょうど1回だけ通る閉じた小道が存在するグラフを**ハミルトングラフ**という。またその小道を**ハミルトン閉路**という。

《説明》 ハミルトングラフは当然連結である。あるグラフがオイラーグラフかどうかを判定する簡単な条件を定理5.11で紹介したが，ハミルトングラフかどうかの簡単な判定条件はまだ見つかっていない。ハミルトングラフかどうかという問題は巡回セールスマン問題と関連し，グラフ理論での重要な研究テーマとなっている。(説明終)

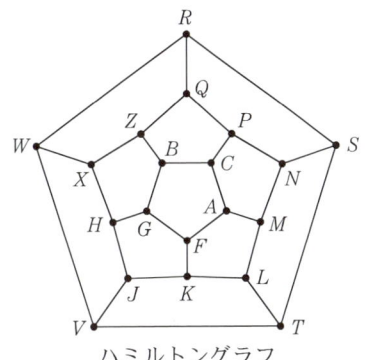

ハミルトングラフ

=== 例題 75 ===

右のグラフは頂点が"人"，辺が"親しい"という関係を表している。8人全員が両隣りには親しい人が並ぶように，丸テーブルの座席を決めてみよう。

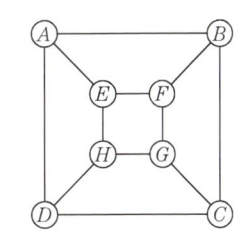

解 このグラフのハミルトン閉路を1つ求めればよい。たとえば右の色をつけたハミルトン閉路に従って座席を決めると，右端のように丸く座席が決められる。　　　　　(解終)

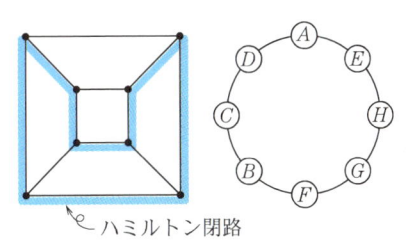

ハミルトン閉路

練習問題 75　　　　　　解答は p.207

右上の20の点からなる3-正則グラフは，ハミルトンが世界一周ゲームとして提出したグラフである。頂点を世界の都市とみなし，世界一周経路（ハミルトン閉路）を1つ見つけなさい。

3 グラフの彩色

「四色問題」で有名なグラフの彩色には，頂点の彩色，領域の彩色，辺の彩色があるが，本書では頂点と領域の彩色のみ扱う。また，両者を区別するために，頂点彩色，領域彩色と，どちらの彩色かを明記することにする。

〈1〉頂点彩色

ここではグラフがループをもたない場合を考える。

―― 定義 ――
隣接するどの2点も異なる色になるようにグラフの頂点を色分けすることを **頂点彩色** という。グラフ G が n 色で頂点彩色できるとき，**n-頂点彩色可能** といい，最小の頂点彩色数を $\chi_V(G)$ で表す。

《説明》 頂点彩色を考える場合には，グラフの頂点を少し大きい白丸○で表し，そこへ割り当てた色を塗ったり，または B，R，W などの文字を書くことにする。

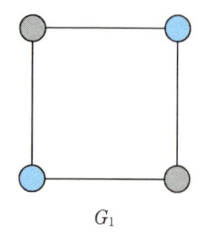

たとえば，右のグラフ G_1 は●と●の2色で頂点彩色できるので2-頂点彩色可能であり，1色では不可能なので $\chi_V(G_1) = 2$ である。

グラフ G_2 は●●●の3色で頂点彩色可能であるが，2色では不可能なので $\chi_V(G_2) = 3$ である。グラフ K_4 は Ⓑ Ⓦ Ⓨ Ⓡ の4色で頂点彩色可能であるが，それ未満では不可能なので $\chi_V(K_4) = 4$ である。

完全グラフ K_n はどの頂点も隣接しているので，$\chi_V(K_n) = n$ である。

(説明終)

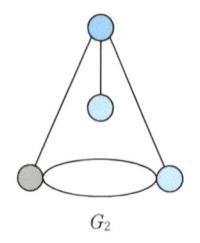

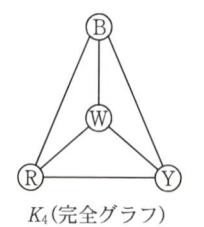

§2 平面的グラフ

=== 定理 5.12 ===
単純平面グラフ G が 2-頂点彩色可能なのは，G が 2 部グラフのときに限る。

《説明》 "2 色で頂点を塗り分けられる" ということと，2 部グラフであることは，本質的に同じことである（右図参照）。 （説明終）

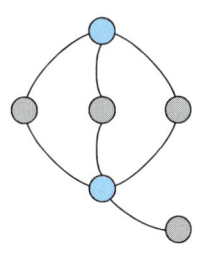

=== 定理 5.13 [4 色定理] ===
ループをもたない平面グラフはすべて 4-頂点彩色可能である。

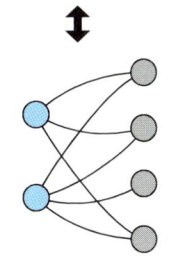

《説明》 4-頂点彩色可能かどうかという問題は地図の彩色の形で「四色問題」として提出された。詳細は p.169 のコラム参照。実際に頂点彩色するときは，下の頂点の次数を使ったアルゴリズムが有効である。
 （説明終）

[Welch-Powell の頂点彩色アルゴリズム]

ループをもたないグラフすべてに使えます。

G の頂点を P_i $(i=1,2,\cdots,n)$ とする。

Step 1. $d(P_i)$ を求める。

Step 2. $d(P_i)$ の降順（大きい順）に頂点を並べる。
$$P_1, P_2, \cdots, P_i, \cdots, P_n \quad \cdots \circledast$$

Step 3. P_1 に色 C_1 を配色し，⊛ の順で P_1 と隣接していない頂点に C_1 を配色する。さらに ⊛ の順ですでに C_1 を配色した頂点と隣接していない頂点に順次 C_1 を配色する。

Step 4. ⊛ の順でまだ配色されていないはじめての頂点 P_{i_2} に次の色 C_2 を配色し，P_{i_2} と隣接していない頂点でまだ配色されていない頂点に色 C_2 を配色する。

Step 5. この操作を ⊛ の頂点がすべて配色されるまで続ける。

例題 76

Welch-Powell の頂点彩色アルゴリズムを用いて，右のグラフ G を頂点彩色してみよう．

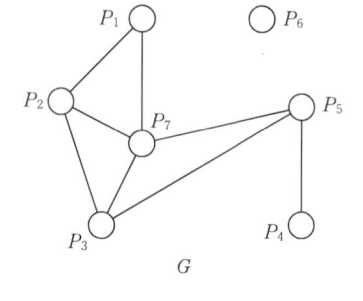

解 アルゴリズムに従って各頂点へ色を塗っていこう．

Step 1． $d(P_1) = 2$, $d(P_2) = 3$, $d(P_3) = 3$, $d(P_4) = 1$,
$d(P_5) = 3$, $d(P_6) = 0$, $d(P_7) = 4$

Step 2． 次数の大きい順に頂点を並べる．同じ次数の頂点は番号の若い順に並べておくと，

$P_7, P_2, P_3, P_5, P_1, P_4, P_6$ …(∗)

次数	4	3			2	1	0
頂点	P_7	P_2	P_3	P_5	P_1	P_4	P_6
色	R	B	W	B	W	R	R

Step 3． はじめの P_7 に Ⓡ を塗る．

(∗) の順に P_7 と隣接していない頂点 P_4 に Ⓡ を塗り，さらに (∗) の順にすでに Ⓡ が塗られている頂点と隣接していない頂点（P_6 のみ）に順次 Ⓡ を塗る．

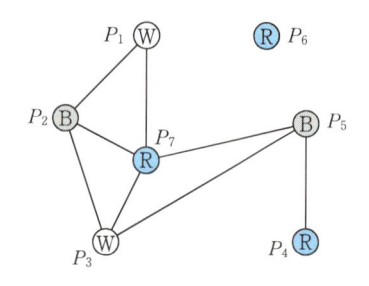

Step 4． (∗) の順にまだ塗られていない頂点 P_2 に Ⓑ を塗る．Step 3 と同様にまだ塗られていない頂点に Ⓑ を塗る．

Step 5． 第 3 番目の色 Ⓦ で繰り返す．

以上ですべての頂点に色が割り当てられた．このグラフは 3-頂点彩色可能であり，三角形 $P_1P_2P_7$ の 3 頂点には最低 3 色必要なので，$\chi_V(G) = 3$ である．

(解終)

練習問題 76   解答は p. 207

Welch-Powell の頂点彩色アルゴリズムを用いて，右のグラフ G を頂点彩色しなさい．

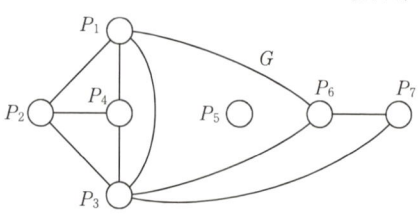

〈2〉地図の彩色

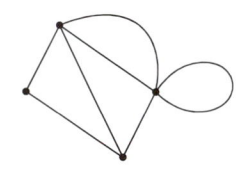

定義
橋のない連結平面グラフを**地図**という。

《説明》 橋とは，それを取り除くと連結グラフが連結でなくなってしまう辺のことであった。ここでは多重辺やループをもっていてもよいが，橋は存在しないような連結平面グラフを **地図** と名前をつけておく。地図を彩色するのがこの節の目的である。 （説明終）

定義
地図 G の隣接している 2 つの領域が同じ色にならないように k 色で領域を彩色できるとき，G は **k-領域彩色可能** という。また，最小の彩色数を $\chi_R(G)$ で表す。

《説明》 地図の彩色は，次の双対グラフの頂点彩色に帰着される。 （説明終）

定義
平面グラフ G より次のステップで構成されたグラフ G^* を G の **双対グラフ** という。
Step 1．G の各領域 r_i（無限領域も含む）に点 P_i^* をとり，G^* の点とする。
Step 2．G の各辺 e_i に対し，e_i を境界にもつ 2 つの領域にとった点を e_i と 1 点で交差するように結び e_i^* とし，G^* の辺とする。

《説明》 G と G^* は右図のように

G ： 辺, 頂点, 領域
　　　　↕　　↕　　↕
G^*： 辺, 領域, 頂点

という対応をもっている。 （説明終）

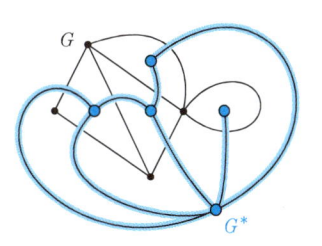

例題 77

右の地図 M の双対グラフ M^* を描いてみよう。

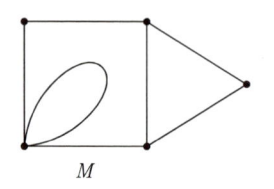

解 はじめに M の頂点の数 p，辺の数 q，領域の数 r を調べておこう。

M： $p=5$， $q=7$， $r=4$

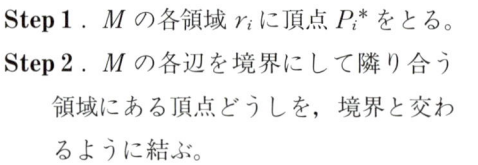

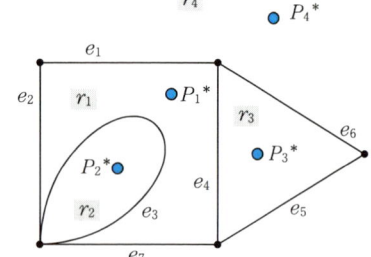

Step 1．M の各領域 r_i に頂点 P_i^* をとる。

Step 2．M の各辺を境界にして隣り合う領域にある頂点どうしを，境界と交わるように結ぶ。

できた双対グラフ M^* の頂点の数 p^*，辺の数 q^*，領域の数 r^* を確認すると

M^*： $p^*=4$， $q^*=7$， $r^*=5$

となる。 （解終）

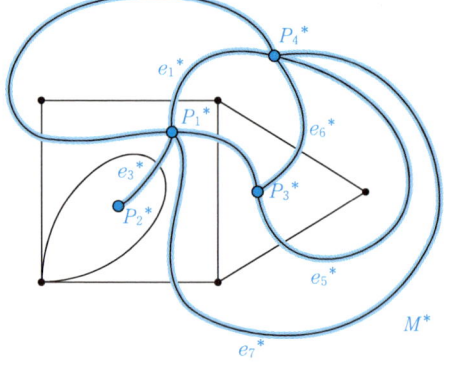

M と双対グラフ M^*
$p=r^*$， $q=q^*$， $r=p^*$

練習問題 77 解答は p.208

右の地図 M の双対グラフ M^* を描きなさい。

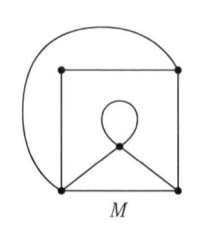

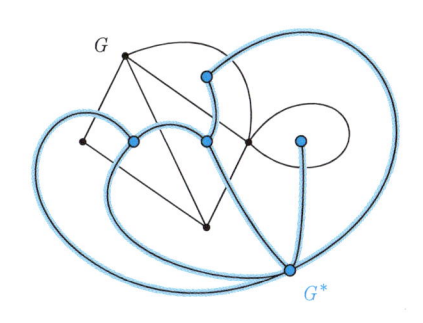

定理 5.14

G を地図とし,G^* を G の双対グラフとする.G が k-領域彩色可能であることの必要十分条件は G^* が k-頂点彩色可能であることである.

《説明》 G を地図とすると,G には橋がないので,G^* はループのない連結平面グラフである.そして,G の領域と G^* の頂点とは 1 対 1 に対応し,また領域の隣接は頂点の隣接と対応している.したがって

$$G\text{ が }k\text{-領域彩色可能} \Leftrightarrow G^*\text{ が }k\text{-頂点彩色可能}$$

となる. (説明終)

G		G^*
領域	$\longleftrightarrow$	頂点
頂点	$\longleftrightarrow$	領域
辺	$\longleftrightarrow$	辺

定理 5.15

地図は 4-領域彩色可能である.

《説明》 地図 M の双対グラフ M^* はループのない連結平面グラフである.定理 5.13 より M^* は 4-頂点彩色可能なので,M は 4-領域彩色可能となる. (説明終)

> 領域彩色は双対グラフの頂点彩色と同じなのね.

定理 5.13

ループをもたない平面グラフはすべて 4-頂点彩色可能

[4 色定理]

例題 78

例題 77 の地図 M を領域彩色してみよう。

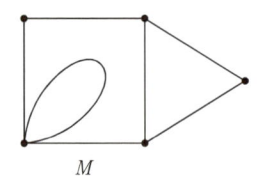

解 見てすぐに領域彩色できるが，双対グラフ M^* と Welch-Powell の頂点彩色アルゴリズムを使って求めてみよう。

次数	5	3		1
頂点	P_1^*	P_4^*	P_3^*	P_2^*
色	R	B	W	B

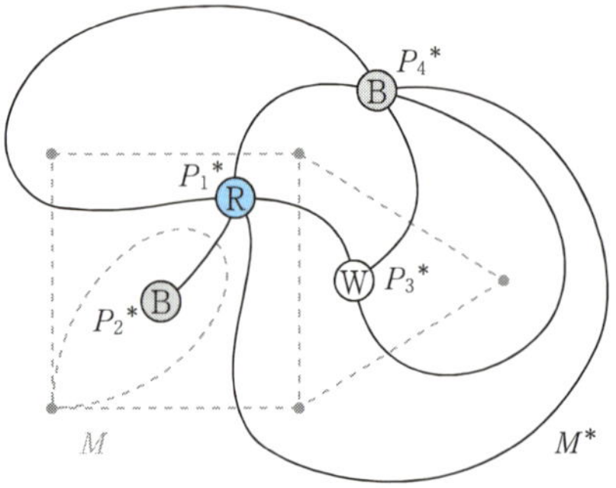

この結果より，M^* は 3-頂点彩色可能である。この結果を用いて M の領域彩色をすると右下の図のようになる。

また，M^* は三角形 $P_1^* P_3^* P_4^*$ を含んでいるので，この 3 頂点の彩色には 3 色必要である。ゆえに
$$\chi_V(M^*) = 3$$
であり，M については
$$\chi_R(M) = 3$$
となる。　　　　　　　　　　　　（解終）

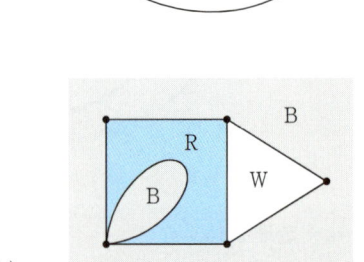

Welch-Powell の頂点彩色アルゴリズム

- **Step 1**．頂点の次数を調べる
- **Step 2**．次数の高い順に頂点を並べる
- **Step 3**．第 1 色目を配色
- **Step 4**．第 2, 3, … を配色

p. 163

練習問題 78　　　　　　　　解答は p. 208

練習問題 77 の地図 M を領域彩色しなさい。

四色問題

試しに下のペンタ島の地図を塗り分けてみてください。4色あれば必ず塗り分けられるはずです。

> [四色問題]
> 隣り合う国を違う色で塗り分けるには4色あれば十分である。

この問題を初めて提起したのは，フランシス・ガスリー（1831〜1899）という人でした。彼の弟が，ロンドン大学での講義中にド・モルガン（1806〜1871）に質問した後で公になりました。それ以来150年もの間，多くの人々がこの地図の塗り分け問題に挑戦してきました。20世紀のはじめ，アメリカの数学者ホイットニー（1907〜1989）が四色問題とグラフ理論とを結びつけたことが，この問題解決のための最終的なキーとなりました。本書でも勉強している双対グラフは彼のアイデアです。そしてついに，1976年，四色問題の証明がアッペル（1932〜2013）とハーケン（1928〜2022）により提出されたのです。彼らの証明は，この定理を膨大な数の部分グラフの特殊な例に還元し，それぞれの部分グラフを塗り分ける可能性について考察するという手法でした。しかし，最終的にチェックしなければならない地図の数があまりにも膨大になったため，本質的な点でコンピュータを使用しなければなりませんでした。作業が終わるまで，コンピュータによる計算に6ヶ月近くの時間を費やしたそうです。

本質的な部分にコンピュータを使った証明は，数学の世界では全く新しい現象です。多くの数学者たちは依然としてこの証明を妥当なものとは認めていません。数学的証明とは何か？四色問題は次の新たな問題を提起したのでした。

ペンタ島

§3　有限オートマトン

辺に向きがついているグラフを有向グラフといった。ここでは有向グラフの応用の1つとして，有限オートマトンについて紹介しよう。

◼ 状態と遷移

外部からの入力により，次々と状態が変化するシステムを考える。

定義

入力がある以前の状態を **初期状態** といい，入力により状態が変化することを **状態遷移** という。

《説明》　状態を **内部状態** ということもある。

入力により状態が次々と変化するので，ある時点における状態はその前の入力すべてにより決定される。このことを，

"内容状態は過去の入力状況を記憶している"

という。

入力の種類が有限で，$a_1, a_2, \cdots, a_m$ のとき，
$$A = \{a_1, a_2, \cdots, a_m\}$$
を入力記号の有限集合または **入力集合** という。また，起こり得る内部状態が有限で，$q_0, q_1, \cdots, q_n$ のとき，
$$Q = \{q_0, q_1, \cdots, q_n\} \quad (q_0：初期状態)$$
を内部状態の有限集合または **状態集合** という。

状態の遷移を定める関数を **状態遷移関数** という。状態遷移関数は $Q \times A$ から Q への関数で，その値は式
$$f(q_i, a_j) = q_k$$
や，表などを用いて表す。

また，状態遷移を有向グラフを用いて

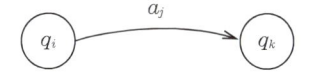

$$q_i \xrightarrow{a_j} q_k$$

のように表す。ここで，矢印の所についている a_j はラベルとよばれ，このようなグラフを**ラベル付き有向グラフ**という。

（吹き出し：状態 q_i のときに入力 a_j があったら状態 q_k に変わるのね。）

（説明終）

定義

　入力集合，状態集合および状態遷移関数が定義されているシステムを**状態機械**という。

《説明》　たとえば

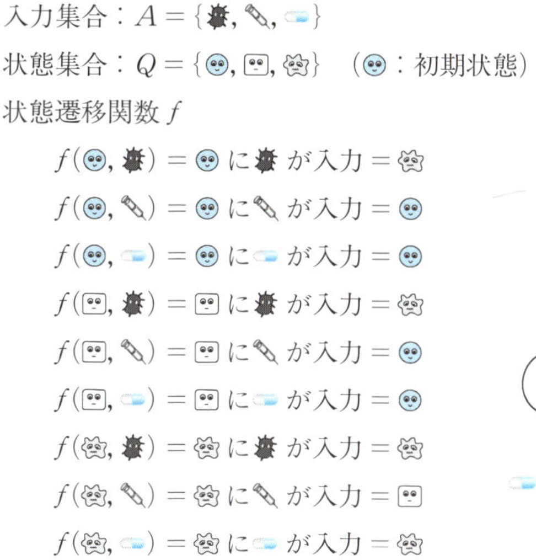

　入力集合：$A = \{🦠, ✏️, 💊\}$

　状態集合：$Q = \{😊, 😐, 😖\}$　（😊：初期状態）

　状態遷移関数 f

　　$f(😊, 🦠) = 😊$ に 🦠 が入力 $= 😖$

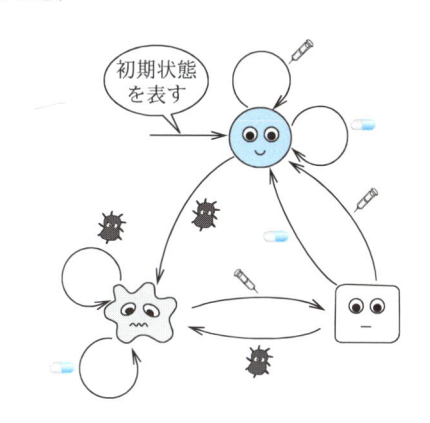

　　$f(😊, ✏️) = 😊$ に ✏️ が入力 $= 😊$

　　$f(😊, 💊) = 😊$ に 💊 が入力 $= 😊$

　　$f(😐, 🦠) = 😐$ に 🦠 が入力 $= 😖$

　　$f(😐, ✏️) = 😐$ に ✏️ が入力 $= 😐$

　　$f(😐, 💊) = 😐$ に 💊 が入力 $= 😊$

　　$f(😖, 🦠) = 😖$ に 🦠 が入力 $= 😖$

　　$f(😖, ✏️) = 😖$ に ✏️ が入力 $= 😐$

　　$f(😖, 💊) = 😖$ に 💊 が入力 $= 😖$

　　（Q と A のすべての組み合わせの結果を示さなければいけない）

以上の A, Q, f でこの状態機械が定義され，入力と状態による遷移の様子をラベル付き有向グラフで表すと，上のようになる。　　　　（説明終）

例題 79

次の入力集合 A，状態集合 Q および状態遷移関数 f をもつ状態機械をラベル付き有向グラフで表してみよう．

入力集合：$A = \{a, b\}$

状態集合：$Q = \{q_0, q_1, q_2\}$ 　（q_0：初期状態）

状態遷移関数 f：$f(q_0, a) = q_1$, 　$f(q_1, a) = q_2$, 　$f(q_2, a) = q_0$
$f(q_0, b) = q_0$, 　$f(q_1, b) = q_1$, 　$f(q_2, b) = q_2$

解　はじめに状態集合 Q の元 q_0, q_1, q_2 を頂点として ○ で囲んで描く．次に，各頂点について，入力記号である A の要素 a, b が入力されたとき，どの状態に移るかを状態遷移関数 f で調べる．たとえば，

$$f(q_0, a) = q_1$$

は，状態 ⓠ₀ は入力 a により状態 ⓠ₁ へ移ることを意味しているので矢印でそれを表す．

$$f(q_0, b) = q_0$$

は，状態 ⓠ₀ は入力 b により状態 ⓠ₀ へ移ることを意味しているので，今度はループでそれを表す．

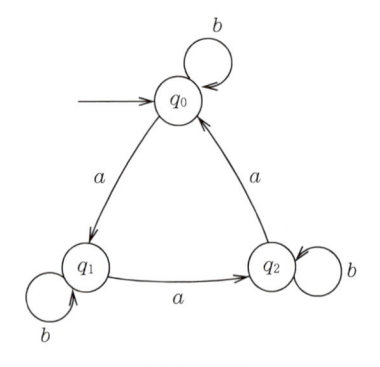

このように Q の各元について調べると，右上図のようになる．　　　　（解終）

練習問題 79　　　　解答は p. 209

次の入力集合 A，状態集合 Q および右表で定義された状態遷移関数 f をもつ状態機械をラベル付き有向グラフで表しなさい．

$A = \{a, b, c\}$, 　　$Q = \{q_0, q_1, q_2\}$ 　（q_0：初期状態）

f	a	b	c
q_0	q_1	q_0	q_0
q_1	q_1	q_2	q_1
q_2	q_1	q_0	q_0

2 順序機械

状態機械に，ある性質をつけ加えた次の機械を考えてみよう．

> **定義**
> 状態遷移時に出力が定義された状態機械を **順序機械** または **出力付き有限オートマトン** という．

《説明》 状態機械は，内部状態が入力により次々と変化するが，その際に出力が伴うのが順序機械である．

どの状態のとき，どの入力があったら何を出力するのか，
(1) 出力がそのときの状態と入力で決まる
(2) 出力が状態の遷移先で決まる

の 2 通りが考えられる．本書では (1) の場合の順序機械を扱おう．

順序機械では

  状態集合 $Q = \{q_0, q_1, \cdots, q_n\}$
  入力集合 $A = \{a_1, a_2, \cdots, a_m\}$

の他に

  出力集合 $B = \{b_1, b_2, \cdots, b_l\}$

と，出力を定義する **出力関数** が定義されている．出力関数 g は直積集合 $Q \times A$ から B への関数で，その値は式

$$g(q_i, a_j) = b_s$$

や，表などを用いて表す．また，このときの遷移が $f(q_i, a_j) = q_k$ のとき，下図のように，入力と出力を辺のラベルとして表示する．

（説明終）

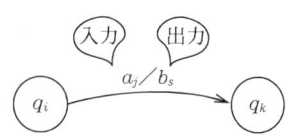

例題 80

次の

入力集合 A, 出力集合 B,

状態集合 Q, 状態遷移関数 f, 出力関数 g

をもつ順序機械がある。

入力集合：$A = \{a, b\}$

出力集合：$B = \{0, 1\}$

状態集合：$Q = \{q_0, q_1, q_2\}$ （q_0：初期状態）

状態遷移関数 f：$f(q_0, a) = q_1$, $f(q_1, a) = q_2$, $f(q_2, a) = q_0$

$f(q_0, b) = q_0$, $f(q_1, b) = q_1$, $f(q_2, b) = q_2$

出力関数 g ：$g(q_0, a) = 0$, $g(q_1, a) = 0$, $g(q_2, a) = 0$

$g(q_0, b) = 0$, $g(q_1, b) = 1$, $g(q_2, b) = 1$

（1） ラベル付き有向グラフで表してみよう。

（2） 記号列：a, a, b, b, a が入力されたときの出力記号列を求めてみよう。

解 出力関数 g が加わった以外は例題 79 と同じ状態機械である。

（1） 例題 79 で描いたラベル付き有向グラフの辺に，g の出力を見ながら 0 か 1 をつけ加えればよい。

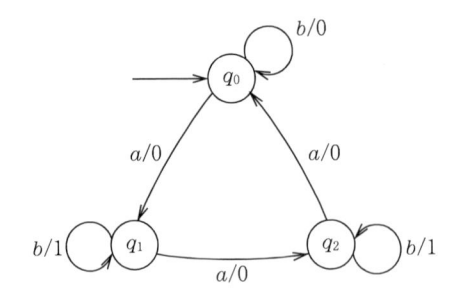

（2） 初期状態から入力記号列の順に矢印をたどり，出力を順に並べればよい．

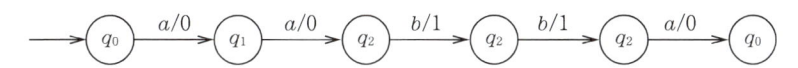

$$\to q_0 \xrightarrow{a/0} q_1 \xrightarrow{a/0} q_2 \xrightarrow{b/1} q_2 \xrightarrow{b/1} q_2 \xrightarrow{a/0} q_0$$

これより出力記号列は

$$0, 0, 1, 1, 0$$

（解終）

下の練習問題では f と g の値が一緒に表となっているので注意してね．

f, g	a_j
	$\vdots$
q_i	$\cdots\ q_k, b_s\ \cdots$
	$\vdots$

$$\begin{cases} f(q_i, a_j) = q_k \\ g(q_i, a_j) = b_s \end{cases}$$

$$q_i \xrightarrow{a_j/b_s} q_k$$

練習問題 80　　　　　解答は p. 209

次の入力集合 A，出力集合 B，状態集合 Q および右表で与えられた状態遷移関数 f，出力関数 g をもつ順序機械がある．

$A = \{a, b, c\}$
$B = \{x, y, z\}$
$Q = \{q_0, q_1, q_2\}$　（q_0：初期状態）

f, g	a	b	c
q_0	q_1, x	q_0, z	q_2, x
q_1	q_2, x	q_0, y	q_1, z
q_2	q_2, z	q_1, y	q_0, y

（1）ラベル付き有向グラフで表しなさい．
（2）記号列：a, b, c, a, b, c が入力されたときの出力記号列を求めなさい．

7つの橋問題

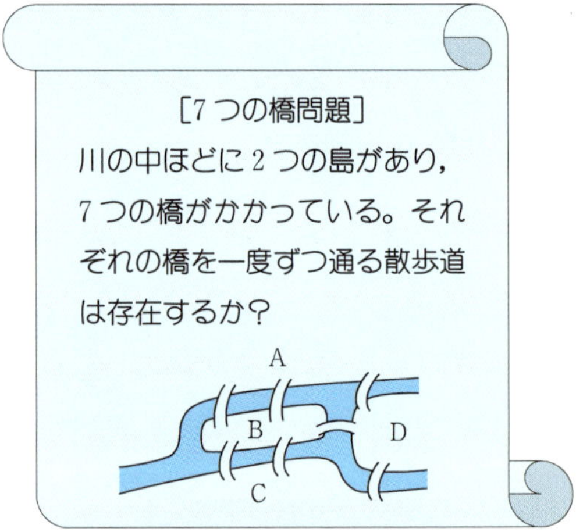

1730年代, サンクト・ペテルブルグ科学アカデミーの主任数学者を務めていたオイラー (1707〜1783) は, 東プロシアの町ケーニヒスベルクの人々が話題にしていた右の問題を知ったのでした。彼はいつものように, この問題を一般的な問題に置き換えて考え, どのような場合に可能であり, また不可能となるかを完全に決定し, ケーニヒスベルク問題は不可能であることを証明したのでした。このことにより, 今日では周遊可能なグラフをオイラーグラフと呼ぶのです。また彼は, 1750 年に正多面体 (V: 頂点の数, E: 辺の数, F: 面の数) に関する式

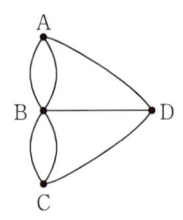

$$V - E + F = 2$$

に気がつきました。正多面体は, 本書でも勉強しているように, 平面的なグラフで, この式はオイラーの公式とよばれています。

当時は橋の問題も, 多面体の公式も, 単独な事実にすぎませんでした。しかし, オイラーは, このような考察は幾何学の分野の問題であり, さまざまな関係は大きさには無関係で, 位置のみに依存していると指摘しました。19世紀終わりから, 20世紀はじめにかけてようやくこれらの業績は体系的に研究され, 位相幾何学やグラフ理論へと発展していったのです。

[7つの橋問題]
川の中ほどに2つの島があり, 7つの橋がかかっている。それぞれの橋を一度ずつ通る散歩道は存在するか?

3 有限オートマトン

順序機械は出力を加えた状態機械であった。ここではもう1つのタイプの状態機械を考える。

―― 定義 ――
入力に対して，受理状態または認識状態が定義された状態機械を**有限オートマトン**という。

《説明》 状態機械は，内部状態が入力により次々と変化する。その入力後の内部状態が受理されるかされないか，または認識されるかされないかがはっきりと定義されている状態機械を有限オートマトンという。

どの状態が受理または認識する状態なのかを定義する集合を **受理状態集合** という。これは必ず内部状態集合の部分集合である。

つまり有限オートマトンは

  入力集合 $A = \{a_1, a_2, \cdots, a_n\}$

  状態集合 $Q = \{q_0, q_1, \cdots, q_m\}$ （q_0：初期状態）

  受理集合 $F (\subset Q)$

  状態遷移関数 $f : Q \times A \to Q$

によって定まる状態機械である。

受理集合をはっきりさせるために，有限オートマトンのラベル付き有向グラフにおいて，受理状態の頂点を2重にして描くとわかりやすい。

例題と練習問題で具体的にみていこう。   （説明終）

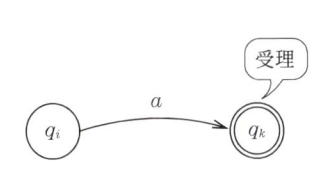

例題 81

次の各集合と関数で定義された有限オートマトン M がある。

　　入力集合　$A = \{a, b\}$
　　状態集合　$Q = \{q_0, q_1, q_2, q_3\}$　（q_0：初期状態）
　　受理集合　$F = \{q_2, q_3\}$
　　状態遷移関数 f：右表

f	a	b
q_0	q_2	q_3
q_1	q_1	q_1
q_2	q_1	q_3
q_3	q_2	q_1

(1)　M をラベル付き有向グラフで表してみよう。

(2)　次の入力記号列は M によって受理されるか却下されるかを調べてみよう。

　① a　　② aaa　　③ $baba$　　④ $abaab$

(3)　M はどのような a, b の記号列を受理する有限オートマンか考えてみよう。

解　(1)　受理集合の頂点を 2 重丸にしておく以外は状態機械と同じである。状態遷移関数 f の表を見ながら矢印を描き，ラベルをつけよう。下のような有向グラフができあがる。

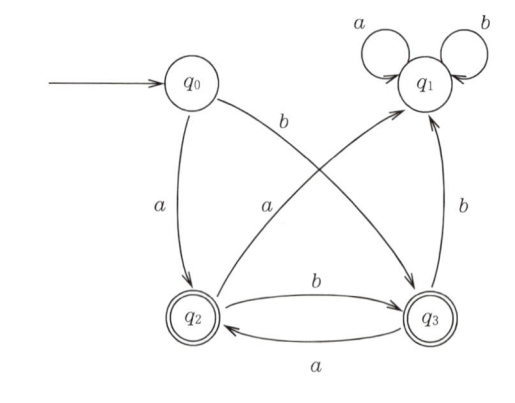

受理集合の要素は2重丸にするのよ。

（2） 入力順に矢印をたどり，入力終了後に状態が受理集合の要素かどうか，つまり2重丸の所に状態があるかどうかを調べればよい．

① $q_0 \xrightarrow{a} ⓠ_2$ ∴ 受理

② $q_0 \xrightarrow{a} ⓠ_2 \xrightarrow{a} q_1 \xrightarrow{a} q_1$ ∴ 却下

③ $q_0 \xrightarrow{b} ⓠ_3 \xrightarrow{a} q_2 \xrightarrow{b} ⓠ_3 \xrightarrow{a} q_2$ ∴ 受理

④ $q_0 \xrightarrow{a} ⓠ_2 \xrightarrow{b} q_3 \xrightarrow{a} ⓠ_2 \xrightarrow{a} q_1 \xrightarrow{b} q_1$ ∴ 却下

（3） M は，a, b の入力が交互のときは受理し，それ以外は却下するオートマトンである． (解終)

練習問題 81　　　　　　　　　　　　　　　　　　　　解答は p. 209

次の入力集合 A，状態集合 Q，受理集合 F および右表で与えられた状態遷移関数 f により定義された有限オートマトン M がある．

$A = \{a, b\}$
$Q = \{q_0, q_1, q_2, q_3\}$ （q_0：初期状態）
$F = \{q_3\}$

f	a	b
q_0	q_1	q_0
q_1	q_2	q_0
q_2	q_3	q_0
q_3	q_3	q_0

（1） M をラベル付き有向グラフで表しなさい．
（2） 次の入力記号列は M により受理されるか却下されるかを調べなさい．
　　① aab　　② $baaab$　　③ $abbbaa$　　④ $bbaaaa$
（3） M はどのような a, b の記号列を受理する有限オートマトンか．

無限集合　18世紀の終わりが近づくと，フランス革命に伴う数学教育の再編成がヨーロッパ大陸の至る所で行われました。数学上の概念をどのように学生に提示したらよいか，また，概念の"厳密性"への関心も高まっていきました。

19世紀に入り，解析学の算術化が行われ，この中で，「無理数とは何か？」に関心が向けられ，数人の数学者がほぼ同時に実数の定義に成功しました。カントール

［有理数の稠密性］
2つの有理数の間には必ず有理数が存在する。

（1845～1918）もそのうちの1人です。彼はさらに「有理数は稠密であるが，連続ではない」ことに気がつきました。したがって，実数のほうが有理数より"多く"あるはずだと考え，本書でも紹介した対角線論法を用いて証明したのです。この中で用いた"1対1"の考え方が新しい集合論の基礎となりました。さらに，実数 R（数直線）と直積集合 R^2（平面）との間の1対1対応，R と R^n との間の1対1対応の証明にも成功し，この事実に，自分でも信じられなかったようです。

また，彼は，集合の要素の個数の一般化として"濃度"を定義し，自然数の濃度は $\aleph_0$，実数の濃度は C （今日では $\aleph$ を用いる）と記しました。そして彼は，"連続体仮説"とよばれる予想を提出しましたが，後にこの証明は不可能であることが，ゲーデル（1906～1978）により明らかにされました。

［連続体仮説］
実数に含まれる無限部分集合の濃度は $\aleph_0$ か C のいずれかである。

$\aleph_0$ はいちばん小さい無限の濃度ですが，集合 A の濃度より，A の部分集合全体 $\mathcal{P}(A)$ の濃度のほうが大きいことも示すことができるので，いくらでも大きい濃度の集合を考えることが可能となるのです。

解答の章

まず自分で
解いてみましょう。

練習問題 1 (p. 4)

（1） $A = \{n \mid n = 3k+1,$
$\quad\quad\quad \boldsymbol{Z} = 0, \pm 1, \pm 2, \cdots\}$
$\quad\quad = \{\cdots, -5, -2, 1, 4, \cdots\}$
$B = \{x \mid (2x-1)(x-3) = 0,$
$\quad\quad\quad x \in \boldsymbol{N}\}$
$\quad = \{3\}$

（2） $C = \{1^2, 2^2, 3^2, 4^2, 5^2, 6^2\}$
$\quad\quad = \{n \mid n = k^2, k = 1, 2, 3, 4, 5, 6\}$
$D = \{n \mid n = 4k, k = 0, 1, 2, \cdots\}$

（3） $\dfrac{1}{2} \notin \boldsymbol{N}, \dfrac{1}{2} \notin \boldsymbol{Z}, \dfrac{1}{2} \in \boldsymbol{Q},$
$\dfrac{1}{2} \in \boldsymbol{R}, \dfrac{1}{2} \in \boldsymbol{C},$
$\sqrt{3} \notin \boldsymbol{N}, \sqrt{3} \notin \boldsymbol{Z}, \sqrt{3} \notin \boldsymbol{Q},$
$\sqrt{3} \in \boldsymbol{R}, \sqrt{3} \in \boldsymbol{C}$

練習問題 2 (p. 7)

（1） ① 要素の数が $0, 1, 2, 3$ の部分集合は

$0 \cdots \phi$
$1 \cdots \{a\}, \{b\}, \{c\}$
$2 \cdots \{a, b\}, \{b, c\}, \{a, c\}$
$3 \cdots \{a, b, c\} (= C)$

$\therefore \mathcal{P}(C) = \{\phi, \{a\}, \{b\}, \{c\}, \{a, b\},$
$\quad\quad\quad \{b, c\}, \{a, c\}, \{a, b, c\}\}$

② $\{\phi\} = a$ とおくと $D = \{\phi, a\}$ なので，要素の数が $0, 1, 2$ の部分集合は

$0 \cdots \phi$
$1 \cdots \{\phi\}, \{a\}$
$2 \cdots \{\phi, a\} (= D)$

$\therefore \quad \mathcal{P}(D) = \{\phi, \{\phi\}, \{\{\phi\}\}, \{\phi, \{\phi\}\}\}$

（2） $\mathcal{P}(C)$ の中で $\{a\} \subseteq X$ となる集合は

$\{a\}, \{a, b\}, \{a, c\}, \{a, b, c\}$

練習問題 3 (p. 9)

（1） 自然数の中には $\sqrt{n}$ が自然数となるような数 n が存在する。

（2） 0 でない任意の実数 x について，$\dfrac{1}{x}$ は実数である。

（3） 任意の実数 a, b（ただし $a \neq 0$）に対して，$ax + b = 0$ となるような実数 x が存在する。

（4） ある実数 a が存在して，任意の実数 x について $|\sin x| < a$ が成立する。

（5） $\exists z \in \boldsymbol{C}, \; |z| = 1$

（6） $\forall x \in \boldsymbol{R}, \; e^x > 0$

（7） $\exists a \in \boldsymbol{N}, \; \forall x \in \boldsymbol{R},$
$\quad x^2 + x + 2 > a$

（8） $\forall a \in \boldsymbol{R}, \; \exists x \in \boldsymbol{Q},$
$\quad x^2 + x + 2 > a$

練習問題 4 (p. 11)

左辺，右辺とも色のついた部分となる。

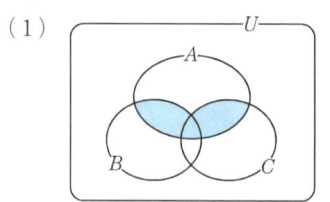

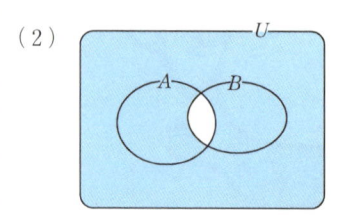

（1）

（2）

練習問題 5 (p. 12)

（1） $90 = 2^1 \cdot 3^2 \cdot 5^1$ より
$U = \{1, 2, 3, 5, 6, 9, 10, 15, 18,$
$\qquad 30, 45, 90\}$
$A = \{2, 6, 10, 18, 30, 90\}$
$B = \{3, 6, 9, 15, 18, 30, 45, 90\}$
$C = \{5, 10, 15, 30, 45, 90\}$

（2） U, A, B, C のベン図は下の通り。
$A \cup B = \{2, 3, 6, 9, 10, 15, 18, 30, 45, 90\}$
$A \cap C = \{10, 30, 90\}$
$\overline{B} = \{1, 2, 5, 10\}$
$B \cup \overline{C} = \{1, 2, 3, 6, 9, 15, 18, 30, 45, 90\}$
$A \cup (\overline{B} \cap C) = A \cup \{5, 10\}$
$\qquad = \{2, 5, 6, 10, 18, 30, 90\}$

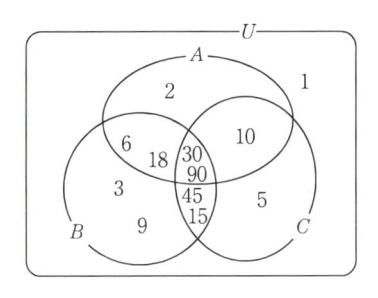

練習問題 6 (p. 14)

（1） $100 \div 5 = 20$ より $n(A) = 20$
$\qquad 100 \div 7 = 14 \cdots 2$ より $n(B) = 14$
$A \cap B = U$ の中で 35 の倍数全体
$\qquad = \{35 \times 1, 35 \times 2\}$
より $n(A \cap B) = 2$

（2） $n(A \cup B)$
$\qquad = n(A) + n(B) - n(A \cap B)$
$\qquad = 20 + 14 - 2 = 32$
$n(\overline{A}) = n(U) - n(A)$
$\qquad = 100 - 20 = 80$
$n(\overline{B}) = n(U) - n(B)$
$\qquad = 100 - 14 = 86$

（3） $\overline{A} \cup \overline{B} = \overline{A \cap B}$,
$\qquad \overline{A} \cap \overline{B} = \overline{A \cup B}$ より
$n(\overline{A} \cup \overline{B}) = n(\overline{A \cap B})$
$\qquad = n(U) - n(A \cap B)$
$\qquad = 100 - 2 = 98$
$n(\overline{A} \cap \overline{B}) = n(\overline{A \cup B})$
$\qquad = n(U) - n(A \cup B)$
$\qquad = 100 - 32 = 68$

練習問題 7 (p. 16)

（1） ① 命題で ある。 F
　　 ② 命題で ある。 T
　　 ③ 命題では ない。
　　 ④ 命題で ある。 F

（2） ① $p(うさぎ) = $ F,
$\qquad p(ユリ) = $ T
　　 ② $q(0) = $ F,
$\qquad q(-1) = $ T

練習問題 8 (p. 19)

(1) $p = \text{F}$ $\left(反例: x = \dfrac{1}{2}\right)$

$\sim p = [\exists x \in \boldsymbol{Q}, x \notin \boldsymbol{Z}] = \text{T}$

(2) $q = \text{T}$

$\sim q = [\forall x \in \boldsymbol{Q}, x \notin \boldsymbol{Z}] = \text{F}$

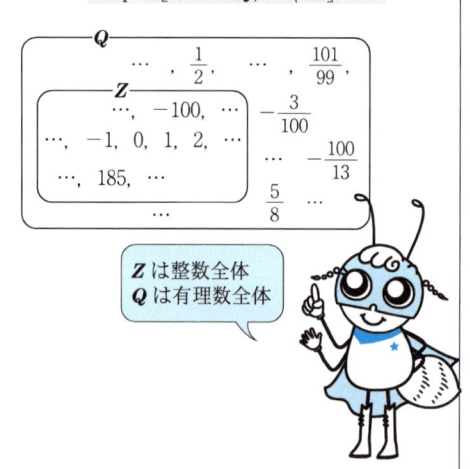

$\boldsymbol{Q}$: $\cdots, \dfrac{1}{2}, \cdots, \dfrac{101}{99},$
$\boldsymbol{Z}$: $\cdots, -100, \cdots$ $-\dfrac{3}{100}$
$\cdots, -1, 0, 1, 2, \cdots$ $-\dfrac{100}{13}$
$\cdots, 185, \cdots$ $\dfrac{5}{8}$ $\cdots$

$\boldsymbol{Z}$ は整数全体
$\boldsymbol{Q}$ は有理数全体

練習問題 9 (p. 20)

(1)

p	q	$\sim p$	$(\sim p) \wedge q$
T	T	F	F
T	F	F	F
F	T	T	T
F	F	T	F

(2)

p	q	$p \vee q$	$\sim(p \vee q)$
T	T	T	F
T	F	T	F
F	T	T	F
F	F	F	T

(3)

p	q	$\sim p$	$\sim q$	$(\sim p) \wedge (\sim q)$
T	T	F	F	F
T	F	F	T	F
F	T	T	F	F
F	F	T	T	T

練習問題 10 (p. 21)

(1)

p	$p \wedge (\sim p)$	
	②	①
T	F	F
F	F	T

最終結果②は恒に F なので 矛盾命題 。

(2)

p	q	$\sim\{p \wedge (\sim q)\}$		
		③	②	①
T	T	T	F	F
T	F	F	T	T
F	T	T	F	F
F	F	T	F	T

最終結果③は T も F もあるので どちらでもない 。

(3)

p	q	$\{\sim(p \vee q)\} \vee (p \vee q)$			
		②	①	④	③
T	T	F	T	T	T
T	F	F	T	T	T
F	T	F	T	T	T
F	F	T	F	T	F

最終結果④は恒に T なので 恒真命題 。

恒に T のとき恒真命題
恒に F のとき矛盾命題

練習問題 11 (p. 23)

（4）の第 2 式

p	q	r	$p \wedge (q \vee r)$		$(p \wedge q) \vee (p \wedge r)$		
			②	①	①′	③′	②′
T	T	T	T	T	T	T	T
T	T	F	T	T	T	T	F
T	F	T	T	T	F	T	T
T	F	F	F	F	F	F	F
F	T	T	F	T	F	F	F
F	T	F	F	T	F	F	F
F	F	T	F	T	F	F	F
F	F	F	F	F	F	F	F

②と③′が一致することより示される。

（5）の第 2 式

p	q	$\sim(p \wedge q)$		$(\sim p) \vee (\sim q)$		
		②	①	①′	③′	②′
T	T	F	T	F	F	F
T	F	T	F	F	T	T
F	T	T	F	T	T	F
F	F	T	F	T	T	T

②と③′が一致することより示される。

練習問題 12 (p. 25)

p	q	$\sim(p \to q)$		$p \wedge (\sim q)$	
		②	①	②′	①′
T	T	F	T	F	F
T	F	T	F	T	T
F	T	F	T	F	F
F	F	F	T	F	T

②と②′が一致することより示される。

練習問題 13 (p. 27)

p：（人は）笑う

q：（人は）幸福である

とおくと

(1) 逆「$q \to p$」

　　（人は）幸福ならば笑う

(2) 裏「$(\sim p) \to (\sim q)$」

　　（人は）笑わなければ幸福ではない

(3) 対偶「$(\sim q) \to (\sim p)$」

　　（人は）幸福でなければ笑わない

練習問題 14 (p. 29)

（1） ● 対偶法

「$(\sim q) \Rightarrow (\sim p)$」を示すことにより
「$p \Rightarrow q$」を示す。

$\sim q \Rightarrow m^2 + n^2$ は偶数
$\quad \Rightarrow (m^2, n^2$ はともに偶数)
$\qquad$ または $(m^2, n^2$ はともに奇数)
$\quad \Rightarrow (m, n$ はともに偶数)
$\qquad$ または $(m, n$ はともに奇数)
$\quad \Rightarrow (m + n$ は偶数)
$\qquad$ または $(m + n$ は偶数)
$\quad \Rightarrow m + n$ は偶数
$\quad \Rightarrow \sim p$

ゆえに「$p \Rightarrow q$」が示された。

● 背理法

「$p \wedge (\sim q) = \mathrm{F}$」を示すことにより
「$p \Rightarrow q$」を示す。

$p \wedge (\sim q)$
$\quad \Rightarrow (m + n$ は奇数)
$\qquad$ かつ $(m^2 + n^2$ は偶数)
$\quad \Rightarrow ((m + n)^2$ は奇数)
$\qquad$ かつ $(m^2 + n^2$ は偶数)
$\quad \Rightarrow (m^2 + n^2 + 2mn$ は奇数)
$\qquad$ かつ $(m^2 + n^2$ は偶数)
$\quad \Rightarrow 2mn$ は奇数
$\quad \Rightarrow$ 矛盾

ゆえに「$p \Rightarrow q$」が示された。

（2） ● 対偶法（l を素数とする）

$\sim q$
$\quad \Rightarrow m$ と n は l で割り切れない
$\quad \Rightarrow m$ と n は l と異なる素数を使って
$\qquad m = p_1 \cdots p_s, \ n = q_1 \cdots q_t$
$\qquad$ と分解される。
$\quad \Rightarrow mn$ は l と異なる素数を使って
$\qquad mn = p_1 \cdots p_s q_1 \cdots q_t$
$\qquad$ と分解される。
$\quad \Rightarrow mn$ は l で割り切れない
$\quad \Rightarrow \sim p$

ゆえに「$p \Rightarrow q$」が示された。

● 背理法（l を素数とする）

$p \wedge (\sim q)$
$\quad \Rightarrow (mn$ は l で割り切れる)
$\qquad$ かつ $\{(m$ は l で割り切れない)
$\qquad\qquad$ かつ $(n$ は l で割り切れない$)\}$
$\quad \Rightarrow mn = lk \ (\exists k \in \mathbf{N})$
$\qquad$ かつ m, n は l と異なる素数を
$\qquad$ 使って
$\qquad m = p_1 \cdots p_s, \ n = q_1 \cdots q_t$
$\qquad$ と分解される。
$\quad \Rightarrow mn = lk \ (\exists k \in \mathbf{N})$
$\qquad$ かつ mn は l と異なる素数を
$\qquad$ 使って
$\qquad mn = p_1 \cdots p_s q_1 \cdots q_t$
$\qquad$ と分解される。
$\quad \Rightarrow$ 矛盾

ゆえに「$p \Rightarrow q$」が示された。

練習問題 15 (p. 31)

(1) ・$p \Rightarrow x^2 + y^2 = 0 \quad (x, y \in \mathbf{R})$
　　　$\Rightarrow x = 0$ and $y = 0$
　　　$\Rightarrow x = 0$ or $y = 0$
　　　$\Rightarrow q$

・$q \Rightarrow x = 0$ or $y = 0$
　　$\not\Rightarrow x^2 + y^2 = 0$
　　　（反例：$x = 0, \ y = 1$）

以上より
$$p \overset{T}{\Rightarrow} q, \quad q \overset{F}{\Rightarrow} p$$
なので，p は q の 十分条件 であり，必要条件ではない。

(2) ・$p \Rightarrow xy = 0$
　　　$\Rightarrow x = 0$ or $y = 0 \Rightarrow q$

・$q \Rightarrow x = 0$ or $y = 0$
　　$\Rightarrow xy = 0 \Rightarrow p$

以上より $p \overset{T}{\Leftrightarrow} q$ なので
p は q の 必要十分条件

(3) ・$p \Rightarrow x = 1$
　　　$\Rightarrow x^2 - x = 1^2 - 1 = 0$
　　　$\Rightarrow x^2 - x \neq 6 \not\Rightarrow q$

・$q \Rightarrow x^2 - x = 6 \Rightarrow x^2 - x - 6 = 0$
　　$\Rightarrow (x - 3)(x + 2) = 0$
　　$\Rightarrow x = 3$ or $x = -2$
　　$\not\Rightarrow p$

以上より，
$$p \overset{F}{\Rightarrow} q, \quad q \overset{F}{\Rightarrow} p$$
なので p は q の 必要条件でも十分条件でもない 。

(4) ・$p \Rightarrow x > 0$
　　　$\not\Rightarrow x^2 - 2x + 1 = 0$
　　　（反例：$x = 2$）

・$q \Rightarrow x^2 - 2x + 1 = 0$
　　$\Rightarrow (x - 1)^2 = 0$
　　$\Rightarrow x = 1 \Rightarrow p$

以上より
$$p \overset{F}{\Rightarrow} q, \quad q \overset{T}{\Rightarrow} p$$
なので，p は q の 必要条件 であり，十分条件ではない。

「反例」とは
成り立たない例
のことよ。

「$p \Rightarrow q$」とは
　$p = T \to q = T$
が論理的に導けること

「$p \not\Rightarrow q$」とは
　$p = T \to q = T$
が論理的に導けないこと

練習問題 16 (p. 33)

$P(n) = \left[1^2 + 2^2 + \cdots + n^2 = \dfrac{1}{6}n(n+1)(2n+1)\right]$

（ⅰ） $n=1$ のとき $P(1)$ について

左辺 $= 1^2 = 1$

右辺 $= \dfrac{1}{6}\cdot 1 \cdot 2 \cdot 3 = 1$

左辺 $=$ 右辺なので $P(1) = \mathrm{T}$ である。

（ⅱ） $n = k$ のとき $P(k) = \mathrm{T}$ と仮定すると

$1^2 + 2^2 + \cdots + k^2$
$= \dfrac{1}{6}k(k+1)(2k+1)$ ··· ☆

が成立する。

$n = k+1$ のとき $P(k+1) = \mathrm{T}$ かどうか，つまり，

$1^2 + 2^2 + \cdots + (k+1)^2$
$= \dfrac{1}{6}(k+1)(k+2)(2k+3)$

が成立するかどうか，☆を使って示す。

左辺 $= 1^2 + 2^2 + \cdots + k^2 + (k+1)^2$

☆を使って

$= \dfrac{1}{6}k(k+1)(2k+1) + (k+1)^2$

$= \dfrac{1}{6}(k+1)\{k(2k+1) + 6(k+1)\}$

$= \dfrac{1}{6}(k+1)(2k^2 + k + 6k + 6)$

$= \dfrac{1}{6}(k+1)(2k^2 + 7k + 6)$

$= \dfrac{1}{6}(k+1)(k+2)(2k+3)$

$=$ 右辺

これより $P(k+1) = \mathrm{T}$ が示されたので，$\forall n \in \boldsymbol{N}$ に対して $P(n) = \mathrm{T}$ が証明された。

練習問題 17 (p. 37)

（1） $A \times X = \{(1, x), (1, y), (1, z),$
$(2, x), (2, y), (2, z)\}$

（2） $X \times A = \{(x, 1), (y, 1), (z, 1),$
$(x, 2), (y, 2), (z, 2)\}$

（3） $A^2 = A \times A$
$= \{(1, 1), (1, 2), (2, 1), (2, 2)\}$

（4） $A^3 = A \times A \times A$
$= \{(1, 1, 1), (1, 1, 2),$
$(1, 2, 1), (1, 2, 2),$
$(2, 1, 1), (2, 1, 2),$
$(2, 2, 1), (2, 2, 2)\}$

練習問題 18 (p. 39)

（1）

（2）

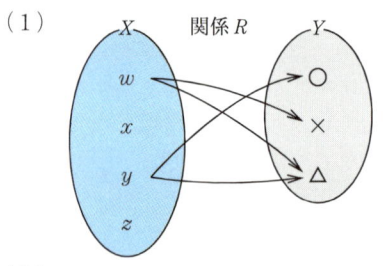

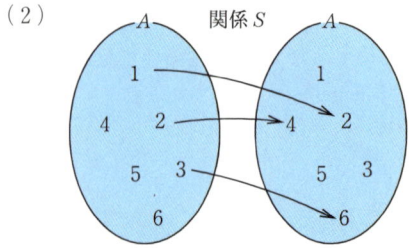

練習問題 19 (p. 41)

R_1 と S, R_2 と S を図示し，矢印が続いていくかどうか調べる。

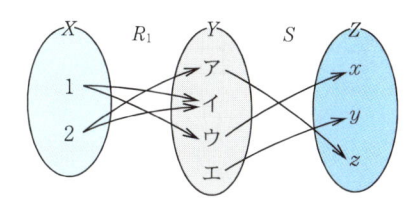

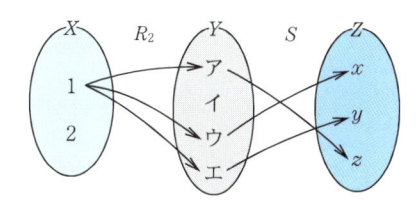

上の図より $R_1 \circ S$ は 定義されない。
$R_2 \circ S$ は定義され
$$R_2 \circ S = \{(1, z), (1, x), (1, y)\}$$

練習問題 20 (p. 42)

(1) $R^{-1} = \{(\times, w), (\triangle, w), (\bigcirc, y), (\triangle, y)\}$

(2) $S^{-1} = \{(2, 1), (4, 2), (6, 3)\}$

練習問題 21 (p. 45)

1. (1)

$$M_R = \begin{pmatrix} 0 & 1 & 1 \\ 1 & 0 & 1 \end{pmatrix}$$

(2) $R^{-1} = \{(b_2, a_1), (b_3, a_1), (b_1, a_2), (b_3, a_2)\}$

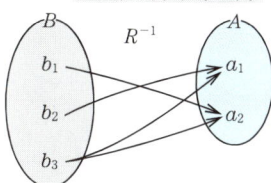

$$M_{R^{-1}} = \begin{pmatrix} 0 & 1 \\ 1 & 0 \\ 1 & 1 \end{pmatrix} \quad (M_R \text{の転置行列})$$

2. (1) $S \ni (a, b)$　a は b の約数なので，a の倍数 b をさがしながら S の元を求めよう。

$$S = \{(1,1), (1,2), (1,3), (1,4), (2,2), (2,4), (3,3), (4,4)\}$$

$$M_S = \begin{pmatrix} 1 & 1 & 1 & 1 \\ 0 & 1 & 0 & 1 \\ 0 & 0 & 1 & 0 \\ 0 & 0 & 0 & 1 \end{pmatrix}$$

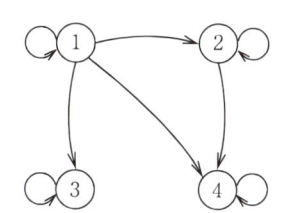

練習問題 22 (p. 48)

関数 R を有向グラフで表すと下図のようになる。

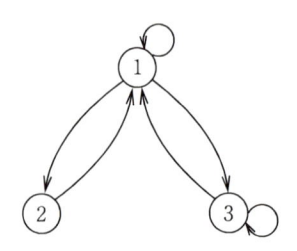

- [反射律]
  ②にはループがないので，反射律は 成立しない 。
- [対称律]
  異なった要素どうしの矢印があるところは両方ついているので，対称律は 成立する 。
- [推移律]
  たとえば②→①→③であるが，②→③の直接の矢印はないので推移律は 成立しない 。
- [反対称律]
  ①⤳②，①⤳③に両方の矢印がついているので，反対称律は 成立しない 。

練習問題 23 (p. 51)

（1）

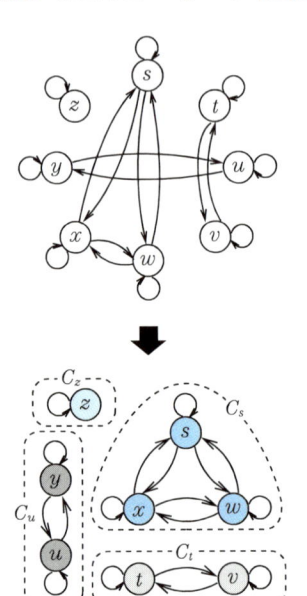

上の有向グラフを描き直すと下のグラフとなる。4つのグループに分かれていることがわかる。すべての要素にループがついていて，同じグループの要素どうしは両方矢印がすべてついているので R は同値関係である。

（2） $C_s = \{s, w, x\}$,
$C_t = \{t, v\}$,
$C_u = \{u, y\}$,
$C_z = \{z\}$

$X/R = \{C_s, C_t, C_u, C_z\}$

（各類の代表元は，その類に属するどの要素でもよい。）

練習問題 24 (p. 53)

$B = \{-3, -2, -1, 0, 1, 2, 3, 4, 5, 6, 7, 8, 9\}$

（1） 差が5となる数を順にさがしてRの元を求めると

$R = \{(-3, -3), (-3, 2), (-3, 7),$
$(-2, -2), (-2, 3), (-2, 8),$
$(-1, -1), (-1, 4), (-1, 9),$
$(0, 0), (0, 5), (1, 1), (1, 6),$
$(2, -3), (2, 2), (2, 7),$
$(3, -2), (3, 3), (3, 8),$
$(4, -1), (4, 4), (4, 9),$
$(5, 0), (5, 5), (6, 1), (6, 6),$
$(7, -3), (7, 2), (7, 7),$
$(8, -2), (8, 3), (8, 8),$
$(9, -1), (9, 4), (9, 9)\}$

（2） 下記有向グラフより同値関係であることがわかる。

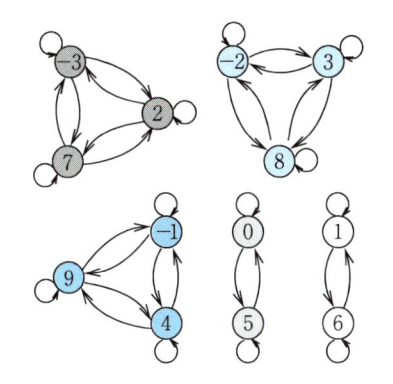

（3） $C_0 = \{0, 5\}$,　$C_1 = \{1, 6\}$,
$C_2 = \{-3, 2, 7\}$,　$C_3 = \{-2, 3, 8\}$,
$C_4 = \{-1, 4, 9\}$
$B/R = \{C_0, C_1, C_2, C_3, C_4\}$

練習問題 25 (p. 54)

整数を5で割った余りは

$$0, 1, 2, 3, 4$$

なので, $\mathbf{Z}$は次の5つの類に分かれる。

$\mathbf{Z}_5 = \{C_0, C_1, C_2, C_3, C_4\}$

$100 = 5 \cdot 20 + \underset{\sim}{0}$　より　$100 \in C_0$
$99 = 5 \cdot 19 + \underset{\sim}{4}$　より　$99 \in C_4$
$-99 = 5 \cdot (-19) - 4$
　　　$= 5 \cdot (-20) + \underset{\sim}{1}$　より　$-99 \in C_1$

練習問題 26 (p. 59)

関係グラフを描いて調べてみる。

（1）・zには関係が定義されていないので, 写像ではない 。

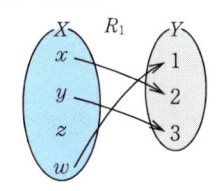

（2）・Xのすべての要素から1本ずつ矢印が出て, 関係が定義されているので 写像である 。

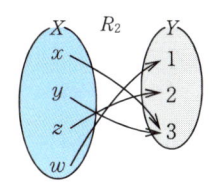

・$Y \ni 3$には2本の矢印が当たっているので 単射ではない 。

・Yのすべての要素に矢印が当たっているので 全射である 。

・像 $= \{1, 2, 3\} = Y$

（3） ● X のすべての元から 1 本ずつ矢印が出ているので 写像である 。

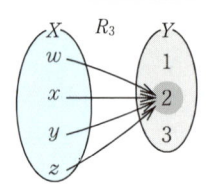

● $Y \ni 2$ には 4 本の矢印が当たっているので 単射ではない 。
● $Y \ni 1, 3$ には矢印が当たっていないので 全射ではない 。
● 像 $= \{2\}$

（4） ● Y のすべての要素から 1 本ずつ矢印が出ているので 写像である 。

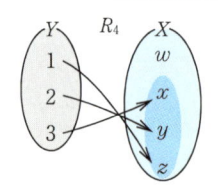

● 矢印が当たっている X の要素には，1 本しか矢印が当たっていないので 単射である 。
● 像 $= \{x, y, z\}$
● $X \ni w$ には矢印が当たっていないので 全射ではない 。

（5） $Y \ni 1, 3$ から 2 本ずつ矢印が出ているので 写像ではない 。

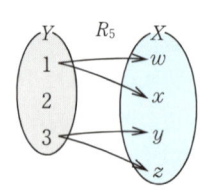

練習問題 27（p. 62）

$$\varphi \circ \sigma = \begin{pmatrix} 1 & 2 & 3 \\ 3 & 2 & 1 \end{pmatrix}$$

$$\sigma \circ \varphi = \begin{pmatrix} 1 & 2 & 3 \\ 1 & 3 & 2 \end{pmatrix}$$

$$\sigma^{-1} = \begin{pmatrix} 3 & 1 & 2 \\ 1 & 2 & 3 \end{pmatrix} = \begin{pmatrix} 1 & 2 & 3 \\ 2 & 3 & 1 \end{pmatrix}$$

$$\varphi^{-1} = \begin{pmatrix} 2 & 1 & 3 \\ 1 & 2 & 3 \end{pmatrix} = \begin{pmatrix} 1 & 2 & 3 \\ 2 & 1 & 3 \end{pmatrix}$$

練習問題 28（p. 67）

$\mathbf{Z}_5 = \{C_0, C_1, C_2, C_3, C_4\}$

+	C_0	C_1	C_2	C_3	C_4
C_0	C_0	C_1	C_2	C_3	C_4
C_1	C_1	C_2	C_3	C_4	C_0
C_2	C_2	C_3	C_4	C_0	C_1
C_3	C_3	C_4	C_0	C_1	C_2
C_4	C_4	C_0	C_1	C_2	C_3

×	C_0	C_1	C_2	C_3	C_4
C_0	C_0	C_0	C_0	C_0	C_0
C_1	C_0	C_1	C_2	C_3	C_4
C_2	C_0	C_2	C_4	C_1	C_3
C_3	C_0	C_3	C_1	C_4	C_2
C_4	C_0	C_4	C_3	C_2	C_1

練習問題 29 (p. 68)

（1）

∨	1	3	5	15
1	1	3	5	15
3	3	3	15	15
5	5	15	5	15
15	15	15	15	15

∧	1	3	5	15
1	1	1	1	1
3	1	3	1	3
5	1	1	5	5
15	1	3	5	15

（2）① $(3 \vee 15) \wedge 5 = 15 \wedge 5 =$ 5

② $5 \wedge (3 \vee 15) = 5 \wedge 15 =$ 5

③ $(3 \wedge 5) \vee (1 \wedge 15) = 1 \vee 1 =$ 1

練習問題 30 (p. 69)

（1） 交換律 $a*b = b*a$ について
$a*b = ab + a + b$
$b*a = ba + b + a = ab + a + b$
ゆえに交換律は 成立する 。

（2） 結合律 $a*(b*c) = (a*b)*c$ について
$a*(b*c) = a*(bc + b + c)$
$= a(bc + b + c) + a + (bc + b + c)$
$= abc + ab + bc + ac + a + b + c$
$(a*b)*c = (ab + a + b)*c$
$= (ab + a + b)c + (ab + a + b) + c$
$= abc + ab + bc + ac + a + b + c$
ゆえに結合律は 成立する 。

練習問題 31 (p. 70)

練習問題 28 の $(\mathbf{Z}_5 ; \times)$, $(\mathbf{Z}_5 ; +)$ の演算表を見ながら求めると，

$(\mathbf{Z}_5 ; \times)$ の単位元は C_1 。

$(\mathbf{Z}_5 ; +)$ の単位元は C_0 。

練習問題 32 (p. 71)

- $(\mathbf{Z}_3 ; +)$ について

  $(\mathbf{Z}_3 ; +)$ の単位元は C_0 なので
  $C_0 + C_{x_0} = C_{x_0} + C_0 = C_0$
  　となる C_{x_0} は C_0 ∴ $-C_0 = C_0$
  $C_1 + C_{x_1} = C_{x_1} + C_1 = C_0$
  　となる C_{x_1} は C_2 ∴ $-C_1 = C_2$
  $C_2 + C_{x_2} = C_{x_2} + C_2 = C_0$
  　となる C_{x_2} は C_1 ∴ $-C_2 = C_1$

- $(\mathbf{Z}_5 ; \times)$ について

  例題と同様に
  C_0^{-1} は存在しない，$C_1^{-1} = C_1$,
  $C_2^{-1} = C_3$, $C_3^{-1} = C_2$, $C_4^{-1} = C_4$

- $(\mathbf{Z}_5 ; +)$ について

  $(\mathbf{Z}_3 ; +)$ と同様に
  $-C_0 = C_0$, $-C_1 = C_4$, $-C_2 = C_3$
  $-C_3 = C_2$, $-C_4 = C_1$

練習問題 33 (p. 73)

（1） 結合律が成立し，単位元 $0 \in \boldsymbol{Z}$ より モノイドである 。

（2） $(m-n)-l \neq m-(n-l)$ より結合律は成立しないので 半群ではない 。

（3） $A = \{3\cdot 1, 3\cdot 2, 3\cdot 3, \cdots\}$

A は $\boldsymbol{N}$ の部分集合なので，結合律が成立する。また，$A \ni \forall 3k$ について
$$3k + x = x + 3k = 3k$$
となる x は 0 であるが，$0 \notin A$ より $(A\,;\,+)$ は単位元をもたない。ゆえに $(A\,;\,+)$ は 半群である が モノイドではない 。

練習問題 34 (p. 75)

（1） $(\boldsymbol{Q}\,;\,+)$ について

（ⅰ） 結合律が成立する。

（ⅱ） 単位元 0 が $\boldsymbol{Q}$ に存在する。

（ⅲ） $\boldsymbol{Q} \ni a$ に対して逆元 $-a \in \boldsymbol{Q}$ より，すべての元に逆元が存在する。

以上より $(\boldsymbol{Q}\,;\,+)$ は群である。

（2） $(G\,;\,\times)$ について

（ⅰ） G は $\boldsymbol{Z}$ の部分集合なので結合律は成立する。

（ⅱ） 単位元 $1 = 3^0$ が G に存在する。

（ⅲ） $G \ni 3^n$ の逆元 $3^{-n} \in G$ より，すべての元に逆元が存在する。

以上より $(G\,;\,\times)$ は群である。

練習問題 35 (p. 77)

（1） $(\boldsymbol{Z}_4\,;\,+)$ の演算表は次の通りである。

+	C_0	C_1	C_2	C_3
C_0	C_0	C_1	C_2	C_3
C_1	C_1	C_2	C_3	C_0
C_2	C_2	C_3	C_0	C_1
C_3	C_3	C_0	C_1	C_2

（ⅰ） 一般的に
$$C_a + (C_b + C_c) = C_a + C_{b+c}$$
$$= C_{a+(b+c)} = C_{(a+b)+c}$$
$$= C_{a+b} + C_c = (C_a + C_b) + C_c$$
より結合律は成立する。

（ⅱ） 演算表より単位元は C_0 であり，存在する。

（ⅲ） 演算表より
$$-C_0 = C_0,\quad -C_1 = C_3,$$
$$-C_2 = C_2,\quad -C_3 = C_1$$
なので，すべての元に逆元が存在する。

以上より $(\boldsymbol{Z}_4\,;\,+)$ は 群である 。

群
（ⅰ） 結合律が成立
（ⅱ） 単位元が存在
（ⅲ） すべての元に逆元が存在

(2) $(\mathbb{Z}_4 ; \times)$ の演算表は次の通り。

×	C_0	C_1	C_2	C_3
C_0	C_0	C_0	C_0	C_0
C_1	C_0	C_1	C_2	C_3
C_2	C_0	C_2	C_0	C_2
C_3	C_0	C_3	C_2	C_1

（ⅰ） 一般に
$$C_a \times (C_b \times C_c) = C_a \times C_{b \times c}$$
$$= C_{a \times (b \times c)} = C_{(a \times b) \times c} = C_{a \times b} \times C_c$$
$$= (C_a \times C_b) \times C_c$$
より結合律は成立する。

（ⅱ） 演算表より単位元は C_1 で存在する。

（ⅲ） 演算表より C_0^{-1} と C_2^{-1} は存在しない。
$$(C_1^{-1} = C_1, \quad C_3^{-1} = C_3)$$

以上より $(\mathbb{Z}_4 ; \times)$ は 群ではない 。

(3) $(\mathbb{Z}_4^* ; \times)$ の演算表は次の通り。

×	C_1	C_3
C_1	C_1	C_3
C_3	C_3	C_1

（ⅰ） (2)と同様に結合律は成立する。

（ⅱ） 単位元は C_1 で存在する。

（ⅲ） $C_1^{-1} = C_1, C_3^{-1} = C_3$ で，すべての元に逆元が存在する。

以上より $(\mathbb{Z}_4^* ; \times)$ は 群である 。

練習問題 36 (p. 80)

(1) 演算表は次の通り。

×	1	ω_1	ω_2
1	1	ω_1	ω_2
ω_1	ω_1	ω_2	1
ω_2	ω_2	1	ω_1

単位元は 1。
$1^{-1} = 1, \quad \omega_1^{-1} = \omega_2, \quad \omega_2^{-1} = \omega_1$

(2) ・$1^1 = 1$ より 1 は生成元ではない。
・$\omega_1^1 = \omega_1, \ \omega_1^2 = \omega_2, \ \omega_1^3 = 1$ より ω_1 は G の生成元
・$\omega_2^1 = \omega_2, \ \omega_2^2 = \omega_1, \ \omega_2^3 = 1$ より ω_2 は G の生成元

ゆえに $(G ; \times)$ は 巡回群 であり，ω_1 と ω_2 が G の生成元である。
$$G = \{1, \omega_1, \omega_1^2\} \quad (\omega_1 \text{ で生成})$$
$$G = \{1, \omega_2, \omega_2^2\} \quad (\omega_2 \text{ で生成})$$

> 1, ω_1, ω_2 は $x^3 = 1$ の 3 つの解よ。ω_1, ω_2 は 1 の 3 乗根とよばれています。

---巡回群---
$G = \{e, a, a^2, \cdots, a^{n-1}\}$
a：生成元

練習問題 37 (p. 81)

$(\mathbf{Z}_4 ; +)$ と $(\mathbf{Z}_4{}^* ; \times)$ の演算表は練習問題 35 で求めてあった。

(1) $(\mathbf{Z}_4 ; +)$ の単位元は C_0 であった。

- $1C_0 = C_0$
- $1C_1 = C_1,\ 2C_1 = C_1 + C_1 = C_2,$
  $3C_1 = C_1 + C_1 + C_1 = C_3,$
  $4C_1 = C_1 + C_1 + C_1 + C_1 = C_4 = C_0$
- $1C_2 = C_2,\ 2C_2 = C_2 + C_2 = C_4 = C_0$
- $1C_3 = C_3,\ 2C_3 = C_3 + C_3 = C_6 = C_2,$
  $3C_3 = C_3 + C_3 + C_3 = C_9 = C_1,$
  $4C_3 = C_3 + C_3 + C_3 + C_3 = C_{12} = C_0$

以上より $(\mathbf{Z}_4 ; +)$ は 加法巡回群 であり、生成元は C_1 と C_3 。

(2) $(\mathbf{Z}_4{}^* ; \times)$ の単位元は C_1 であった。

- $C_1{}^1 = C_1$
- $C_3{}^1 = C_3,\ C_3{}^2 = C_1$

ゆえに $(\mathbf{Z}_4{}^* ; \times)$ は 乗法巡回群 であり、生成元は C_3 。

加法巡回群
$G = \{o,\ 1a,\ 2a,\ \cdots,\ (n-1)a\}$
o：加法単位元，a：生成元

乗法巡回群
$G = \{e,\ a^1,\ a^2,\ \cdots,\ a^{n-1}\}$
e：乗法単位元，a：生成元

練習問題 38 (p. 85)

(1)

0	ε	σ_1	σ_2	σ_3	φ_1	φ_2
ε	ε	σ_1	σ_2	σ_3	φ_1	φ_2
σ_1	σ_1	ε	φ_1	φ_2	σ_2	σ_3
σ_2	σ_2	φ_2	ε	φ_1	σ_3	σ_1
σ_3	σ_3	φ_1	φ_2	ε	σ_1	σ_2
φ_1	φ_1	σ_3	σ_1	σ_2	φ_2	ε
φ_2	φ_2	σ_2	σ_3	σ_1	ε	φ_1

(2) 単位元は ε なので、演算表より
$\sigma_1{}^{-1} = \sigma_1,\ \sigma_2{}^{-1} = \sigma_2,\ \sigma_3{}^{-1} = \sigma_3$

(3) 各元をベキ乗してみると

- $\varepsilon^1 = \varepsilon$
- $\sigma_1{}^1 = \sigma_1,\ \sigma_1{}^2 = \varepsilon$
- $\sigma_2{}^1 = \sigma_2,\ \sigma_2{}^2 = \varepsilon$
- $\sigma_3{}^1 = \sigma_3,\ \sigma_3{}^2 = \varepsilon$
- $\varphi_1{}^1 = \varphi_1,\ \varphi_1{}^2 = \varphi_2,\ \varphi_1{}^3 = \varepsilon$
- $\varphi_2{}^1 = \varphi_2,\ \varphi_2{}^2 = \varphi_1,\ \varphi_2{}^3 = \varepsilon$

以上よりどの元も S_3 のすべての元を生成することはできないので、S_3 は 巡回群ではない 。

練習問題 39 (p. 87)

(R1) $(G ; +)$ は可換群である。

∵)
- 結合律，交換律が成立
- 加法単位元は $0 = 3 \cdot 0$
- $3k$ の加法逆元は $3 \cdot (-k)$

(R2) $(G ; \times)$ は半群である。

∵)
- 結合律が成立
  （乗法単位元 1 は G には存在しない）。

以上より 単位元をもたない環 である。

練習問題 40 (p. 89)

（1） $(\mathbf{Z}_4 ; +, \times)$ について
(F1) $(\mathbf{Z}_4 ; +)$ は可換群
∵) ・結合律，交換律が成立
・加法単位元は C_0
・すべての元に加法逆元が存在
(F2) $\mathbf{Z}_4{}^* = \mathbf{Z}_4 - \{C_0\}$ とすると
$(\mathbf{Z}_4{}^* ; \times)$ は群にはならない
∵) C_2^{-1} は存在しない。
以上より $(\mathbf{Z}_4 ; +, \times)$ は 体ではない 。

（2） $(\mathbf{C} ; +, \times)$ について
(F1) $(\mathbf{C} ; +)$ は可換群
∵) ・結合律，交換律が成立
・加法単位元は $0 + 0 \cdot i$
・$z = a + bi$ の加法逆元は
$-z = (-a) + (-b)i$
(F2) $\mathbf{C}^* = \mathbf{C} - \{0\}$ とすると
$(\mathbf{C}^* ; \times)$ は群である。
∵) ・結合律が成立
・乗法単位元は $1 + 0 \cdot i$
・$z = a + bi$ の乗法逆元は
$z^{-1} = \dfrac{a}{a^2 + b^2} + \dfrac{-b}{a^2 + b^2} i$
(F3) $\mathbf{C}$ の元には分配律が成立している。
以上より $(\mathbf{C} ; +, \times)$ は 体である 。

> p が素数のとき，$(\mathbf{Z}_p ; +, \times)$ は有限体となります。

練習問題 41 (p. 90)

係数は mod. 3 で考えればよい。
$f(x) + g(x)$
$= (x^2 + 2) + (2x + 1)$
$= x^2 + 2x + 3$
$= x^2 + 2x$
$f(x) \times g(x)$
$= (x^2 + 2)(2x + 1)$
$= 2x^3 + x^2 + 4x + 2$
$= 2x^3 + x^2 + x + 2$

練習問題 42 (p. 92)

（1） 加法逆元は
$-f(x) = (-2)x^2 + (-2)x + (-1)$
$= x^2 + x + 2$
$-g(x) = (-2)x + (-1)$
$= x + 2$

（2） $f(x)$ を $g(x)$ で割ると下の計算より
$2x^2 + 2x + 1$
$= (x + 2^{-1})(2x + 1) + (1 - 2^{-1})$
$\mathbf{Z}_3$ において，
$2^{-1} = 2$ （2^{-1} は 2 の乗法逆元）
$1 - 2^{-1} = 1 - 2 = -1 = 2$
より
$2x^2 + 2x + 1 = (x + 2)(2x + 1) + 2$
ゆえに 商 $q(x) = x + 2$
余り $r(x) = 2$

$$
\begin{array}{r}
x + 2^{-1} \\
2x+1 \overline{\smash{)}\, 2x^2 + 2x + 1} \\
\underline{2x^2 + x } \\
x + 1 \\
\underline{x + 2^{-1}} \\
1 - 2^{-1}
\end{array}
$$

練習問題 43 (p. 95)

(1) $\mathbf{Z}_3[X] \ni f(x)$ とするとき，$f(x)$ を $p(x) = x^2 + 1$ で割ったときの余りは
$$r(x) = ax + b$$
$$(a, b \in \mathbf{Z}_3 = \{0, 1, 2\})$$
の形なので，

$$0, \quad 1, \quad 2$$
$$x, \quad x+1, \quad x+2$$
$$2x, \quad 2x+1, \quad 2x+2$$

これらは mod. $p(x)$ で互いに合同にならない。これより同値類は次の9個。

$C_0, \ C_1, \ C_2,$
$C_x, \ C_{x+1}, \ C_{x+2},$
$C_{2x}, \ C_{2x+1}, \ C_{2x+2}$

(2) $f(x) = x^3$, $g(x) = 2x^2 + x$ をそれぞれ $p(x) = x^2 + 1$ で割ると，

$$\begin{cases} x^3 = x(x^2+1) - x \\ \quad\ = x(x^2+1) + 2x \\ 2x^2 + x = 2(x^2+1) + (x-2) \\ \quad\quad\quad = 2(x^2+1) + (x+1) \end{cases}$$

$\therefore \begin{cases} x^3 \equiv 2x \ (\text{mod. } p(x)) \\ 2x^2 + x \equiv x + 1 \ (\text{mod. } p(x)) \end{cases}$

$f(x) \in C_{2x}, \ g(x) \in C_{x+1}$

(3) $f(x) + g(x)$
$\in C_{2x} + C_{x+1} = C_{3x+1} = C_1$
$\therefore \ f(x) + g(x) \in C_1$

$f(x) \times g(x) \in C_{2x} \times C_{x+1} = C_{2x(x+1)}$

ここで
$2x(x+1) = 2x^2 + 2x$
$\quad\quad\quad = 2(x^2+1) + (2x-2)$
$\quad\quad\quad = 2(x^2+1) + (2x+1)$
$\therefore \ f(x) \times g(x) \in C_{2x+1}$

練習問題 44 (p. 99)

(1) $\mathcal{P}(E) = \{\phi, \{a\}, \{b\}, \{c\},$
$\{a, b\}, \{b, c\}, \{a, c\}, E\}$

(2) 包含関係が成立するのは
$\phi \subseteq \phi, \ \phi \subseteq \{a\}, \ \phi \subseteq \{b\}, \ \phi \subseteq \{c\},$
$\phi \subseteq \{a, b\}, \ \phi \subseteq \{b, c\},$
$\phi \subseteq \{a, c\}, \ \phi \subseteq E,$
$\{a\} \subseteq \{a\}, \ \{a\} \subseteq \{a, b\},$
$\{a\} \subseteq \{a, c\}, \ \{a\} \subseteq E,$
$\{b\} \subseteq \{b\}, \ \{b\} \subseteq \{a, b\},$
$\{b\} \subseteq \{b, c\}, \ \{b\} \subseteq E,$
$\{c\} \subseteq \{c\}, \ \{c\} \subseteq \{a, c\},$
$\{c\} \subseteq \{b, c\}, \ \{c\} \subseteq E,$
$\{a, b\} \subseteq \{a, b\}, \ \{a, b\} \subseteq E,$
$\{b, c\} \subseteq \{b, c\}, \ \{b, c\} \subseteq E,$
$\{a, c\} \subseteq \{a, c\}, \ \{a, c\} \subseteq E,$
$E \subseteq E$

比較不可能な元は
$\{a\}$ と $\{b\}, \ \{a\}$ と $\{c\}, \ \{b\}$ と $\{c\},$
$\{a\}$ と $\{b, c\}, \ \{b\}$ と $\{a, c\},$
$\{c\}$ と $\{a, b\}, \ \{a, b\}$ と $\{b, c\},$
$\{a, b\}$ と $\{a, c\}, \ \{b, c\}$ と $\{a, c\}$

練習問題 45 (p. 100)

(1) $D_{18} = \{1, 2, 3, 6, 9, 18\}$

(2) $1 \leqq 1, \ 1 \leqq 2, \ 1 \leqq 3, \ 1 \leqq 6,$
$1 \leqq 9, \ 1 \leqq 18$
$2 \leqq 2, \ 2 \leqq 6, \ 2 \leqq 18,$
$3 \leqq 3, \ 3 \leqq 6, \ 3 \leqq 9, \ 3 \leqq 18$
$6 \leqq 6, \ 6 \leqq 18$
$9 \leqq 9, \ 9 \leqq 18$
$18 \leqq 18$

(3) 2 と 3, 2 と 9, 6 と 9

練習問題 46 (p. 101)

（1） $B \times B = \{(1,1), (1,2), (1,3),$
$\qquad\qquad\quad (2,1), (2,2), (2,3),$
$\qquad\qquad\quad (3,1), (3,2), (3,3)\}$

（2） $(1,1) \leqq (1,1), (1,1) \leqq (1,2),$
$(1,1) \leqq (1,3), (1,1) \leqq (2,1),$
$(1,1) \leqq (2,2), (1,1) \leqq (2,3),$
$(1,1) \leqq (3,1), (1,1) \leqq (3,2),$
$(1,1) \leqq (3,3)$

$(1,2) \leqq (1,2), (1,2) \leqq (1,3),$
$(1,2) \leqq (2,2), (1,2) \leqq (2,3),$
$(1,2) \leqq (3,2), (1,2) \leqq (3,3)$

$(1,3) \leqq (1,3), (1,3) \leqq (2,3),$
$(1,3) \leqq (3,3)$

$(2,1) \leqq (2,1), (2,1) \leqq (2,2),$
$(2,1) \leqq (2,3), (2,1) \leqq (3,1),$
$(2,1) \leqq (3,2), (2,1) \leqq (3,3)$

$(2,2) \leqq (2,2), (2,2) \leqq (2,3),$
$(2,2) \leqq (3,2), (2,2) \leqq (3,3)$

$(2,3) \leqq (2,3), (2,3) \leqq (3,3)$

$(3,1) \leqq (3,1), (3,1) \leqq (3,2),$
$(3,1) \leqq (3,3)$

$(3,2) \leqq (3,2), (3,2) \leqq (3,3)$

$(3,3) \leqq (3,3)$

（3）
$(1,2)$ と $(2,1)$, $(1,2)$ と $(3,1)$
$(1,3)$ と $(2,1)$, $(1,3)$ と $(2,2)$
$(1,3)$ と $(3,1)$, $(1,3)$ と $(3,2)$
$(2,2)$ と $(3,1)$, $(2,3)$ と $(3,1)$
$(2,3)$ と $(3,2)$

練習問題 47 (p. 103)

（1） 練習問題 44 で調べたように，比較不可能な元が存在するので，全順序集合ではない 。

（2） $D_{27} = \{1, 3, 9, 27\}$ $(27 = 3^3)$
D_{27} のどの2つも比較可能なので，全順序集合である 。

練習問題 48 (p. 105)

（1） $(2,5) \leqq (5,2) \leqq (5,5) \leqq (5,7)$
$\qquad \leqq (7,2) \leqq (7,5)$

（2） $aaa \leqq abc \leqq bab \leqq bbb \leqq cab$
$\qquad \leqq cba$

練習問題 49 (p. 107)

（1） b と c は比較不可能。

（2） a と b, a と c は比較不可能。
a を表す点はどこに描いてもよい。

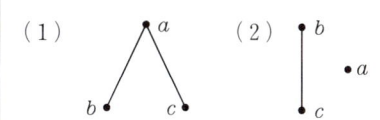

（1）
```
      a
     / \
    b   c
```

（2）
```
  b
  |      •a
  c
```

練習問題 50 (p. 108)

（1） $81 = 3^4$, $1 \ll 3 \ll 9 \ll 27 \ll 81$ より，D_{21} は全順序集合なので下図のように一列に並んだハッセ図となる。

（2） ≪で結べる元を調べると
$1 \ll 2$, $1 \ll 3$, $2 \ll 6$, $3 \ll 6$, $6 \ll 12$,
$6 \ll 18$, $12 \ll 36$, $18 \ll 36$
より，ハッセ図は下のようになる。

（3） $\mathcal{P}(E) = \{\phi, \{a\}, \{b\}, \{c\}, \{a,b\},$
$\{b,c\}, \{a,c\}, E\}$
より，≪で結べるのは
$\phi \ll \{a\}$, $\phi \ll \{b\}$, $\phi \ll \{c\}$,
$\{a\} \ll \{a,b\}$, $\{a\} \ll \{a,c\}$,
$\{b\} \ll \{a,b\}$, $\{b\} \ll \{b,c\}$,
$\{c\} \ll \{a,c\}$, $\{c\} \ll \{b,c\}$
$\{a,b\} \ll E$, $\{b,c\} \ll E$, $\{a,c\} \ll E$
となり，ハッセ図は下のようになる。

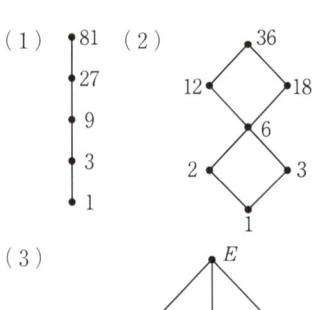

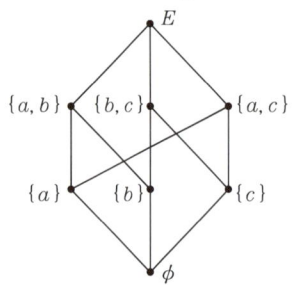

（1）（2）（3）のハッセ図

練習問題 51 (p. 109)

（1） $S = \{(0,0,0), (1,0,0), (0,1,0),$
$(0,0,1), (1,1,0), (1,0,1),$
$(0,1,1), (1,1,1)\}$

（2） $(S; \leqq_1)$ について，
$(0,0,0)$ をいちばん下に書き，順に≪で上に元を描いていくと，下左図のようになる。
$(S; \leqq_1)$ は本質的には，$E = \{a,b,c\}$ のときの $\mathcal{P}(E)$ についての $(\mathcal{P}(E); \subseteqq)$ と半順序集合として全く同じ構造である。

（3） $(S; \leqq_2)$ について
辞書式順序なので $(0,0,0)$ をいちばん下に描き順次上へ≪の関係でつみ上げていくと，下右図となる。

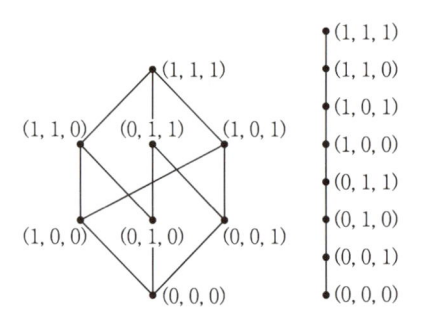

> ハッセ図を描きながら直接≪の関係を調べてもいいわよ。

練習問題 52 (p. 111)

（1） s と比較不可能な元は s と上方向または下方向につながっていない元なので
$$q, u, v, x, y$$

（2） z はすべての元と比較可能なので
$$\max X = z$$
o は v とは比較不可能なので
$$\min X \text{ は存在しない}$$

（3） 極大元：z
　　　極小元：o, v

練習問題 53 (p. 114)

- L_1 について
  上界の集合 $= \{e, f\}$
  　　上限 $= \min\{e, f\} = e$
  下界の集合 $= \{a\}$
  　　下限 $= \max\{a\} = a$

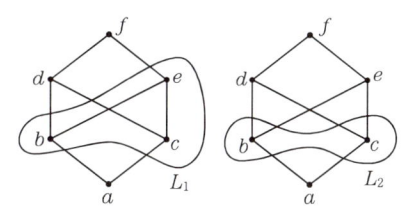

- L_2 について
  上界の集合 $= \{d, e, f\}$
  　　上限 $= \min\{d, e, f\} = $ なし
  下界の集合 $= \{a\}$
  　　下限 $= \max\{a\} = a$

練習問題 54 (p. 115)

（1） 1 をいちばん下に書き，順に $\ll$ の関係で元をつみ上げていくと次のハッセ図となる。

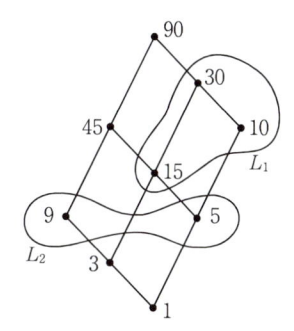

（2） L_1 の上界の集合 $= \{30, 90\}$
　　　$\sup L_1 = \min\{30, 90\} = 30$
　　　L_1 の下界の集合 $= \{5, 1\}$
　　　$\inf L_1 = \max\{5, 1\} = 5$

（3） L_2 の上界の集合 $= \{45, 90\}$
　　　$\sup L_2 = \min\{45, 90\} = 45$
　　　L_2 の下界の集合 $= \{1\}$
　　　$\inf L_2 = \max\{1\} = 1$

- $\sup M = M$ の上限
  　　$= \min(M \text{の上界の集合})$
- $\inf M = M$ の下限
  　　$= \max(M \text{の下界の集合})$

練習問題 55 (p. 117)

$(\mathcal{P}(B); \subseteq)$ のハッセ図は練習問題 50 (p. 108) でも描いたが，ここでは下のように表現してみる。

$\mathcal{P}(B)$ のどの 2 つの元にも sup と inf が存在するので，束である。

最大元 $= B$，　　最小元 $= \phi$

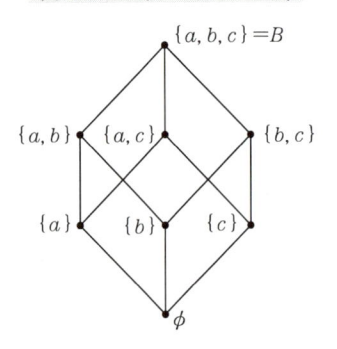

練習問題 56 (p. 118)

（1） $30 = 2\cdot 3\cdot 5$ を参考にして，
$D_{30} = \{1, 2, 3, 5, 6, 10, 15, 30\}$

（2） ハッセ図は本質的に上記，練習問題 55 の $\mathcal{P}(B)$ と同じである。

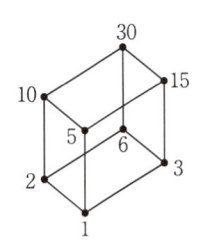

（3） $\begin{cases} 3 \vee 5 = 15 \\ 3 \wedge 5 = 1 \end{cases}$ $\begin{cases} 2 \vee 15 = 30 \\ 2 \wedge 15 = 1 \end{cases}$
$\begin{cases} 5 \vee 10 = 10 \\ 5 \wedge 10 = 5 \end{cases}$

練習問題 57 (p. 119)

（1） $a \vee d = a$ と d 以上で
いちばん小さい元 $= d$

（2） $g \vee f = g$ と f 以上で
いちばん小さい元 $= i$

（3） $b \wedge f = b$ と f 以下で
いちばん大きい元 $= a$

（4） $g \wedge f = g$ と f 以下で
いちばん大きい元 $= c$

（5） $(g \wedge f) \vee b = c \vee b = d$

練習問題 58 (p. 120)

最大元，最小元以外の 3 つの元をうまくつないで，必ず 2 つの元に sup と inf が存在するようにすると，次の 5 つが考えられる。

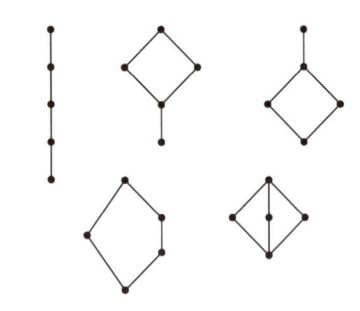

練習問題 59 (p. 125)

（1） ハッセ図は右の通り。

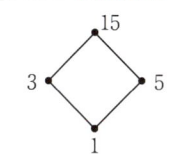

```
      15
    /    \
   3      5
    \    /
      1
```

（2）

∨	1	3	5	15
1	1	3	5	15
3	3	3	15	15
5	5	15	5	15
15	15	15	15	15

∧	1	3	5	15
1	1	1	1	1
3	1	3	1	3
5	1	1	5	5
15	1	3	5	15

$\bar{a}$ は a と
- 最小公倍数が 15
- 最大公約数が 1

の元なので右の表のようになる。

a	$\bar{a}$
1	15
3	5
5	3
15	1

（3）
- $\overline{3 \wedge 5} = \bar{1} = 15$
- $\bar{3} \vee \bar{5} = 5 \vee 3 = 15$
- $\overline{3 \vee 5} = \overline{15} = 1$
- $\bar{3} \wedge \bar{5} = 5 \wedge 3 = 1$

いずれも等しいことが確認された。

（4）
- $(3 \wedge 5) \vee 5 = 1 \vee 5 = 5$
- $(3 \vee 5) \wedge (5 \vee 5) = 15 \wedge 5 = 5$

- $(3 \vee 5) \wedge 5 = 15 \wedge 5 = 5$
- $(3 \wedge 5) \vee (5 \wedge 5) = 1 \vee 5 = 5$

いずれも等しいことが確認された。

練習問題 60 (p. 127)

（1） $70 = 2 \cdot 5 \cdot 7$ と素因数分解される。
$$D_{70} = \{1, 2, 5, 7, 10, 14, 35, 70\}$$

ハッセ図は本質的に D_{30} と同じである。

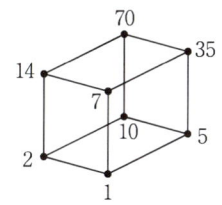

```
       70
      /  \
    14    35
   / \7  /
  2   10 5
   \  |  /
       1
```

（2） a の補元は
$$\bar{a} = \frac{70}{a}$$
より，右の演算表を得る。

a	$\bar{a}$
1	70
2	35
5	14
7	10
10	7
14	5
35	2
70	1

（3） ハッセ図と補元の演算表を見ながら求めると，
$$\overline{(10 \vee 14)} \wedge 7$$
$$= \overline{70} \wedge 7 = 1 \wedge 7 = 1$$

$$5 \vee \overline{(14 \wedge 35)}$$
$$= 14 \vee (5 \wedge 35)$$
$$= 14 \vee 5 = 70$$

> D_{30} も D_{70} も
> $S = \{a, b\}$ のときの $\mathcal{P}(S)$ とブール同型なのね。

練習問題 61 (p. 134)

ピーターセングラフをよく見ると，各頂点からは，すべて 3 本の辺が出ているので，各頂点がどの点と辺で結ばれているのか注意しながら G'，G'' を完成させる。

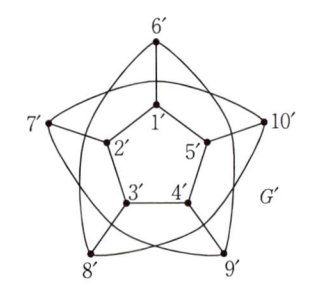

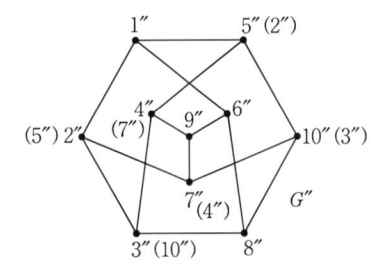

練習問題 62 (p. 135)

(1)　$d(P_1) = 4$ より P_1 は 偶頂点
　　$d(P_2) = 4$ より P_2 は 偶頂点
　　$d(P_3) = 1$ より P_3 は 奇頂点, 端点
　　$d(P_4) = 5$ より P_4 は 奇頂点
　　$d(P_5) = 0$ より P_5 は 孤立点

(2)　奇頂点は P_3，P_4 の 2 個で偶数個。

(3)　頂点の次数の総和
　　　　$= 4+4+1+5+0 = 14$
　　　$2 \times (辺の数) = 2 \times 7 = 14$
ゆえに等しいことが確認された。

練習問題 63 (p. 137)

$$A = \begin{pmatrix} 0 & 3 & 0 & 1 & 0 \\ 3 & 0 & 0 & 1 & 0 \\ 0 & 0 & 0 & 1 & 0 \\ 1 & 1 & 1 & 1 & 0 \\ 0 & 0 & 0 & 0 & 0 \end{pmatrix}$$

$$M = \begin{pmatrix} 1 & 1 & 1 & 1 & 0 & 0 & 0 \\ 1 & 1 & 1 & 0 & 0 & 1 & 0 \\ 0 & 0 & 0 & 0 & 1 & 0 & 0 \\ 0 & 0 & 0 & 1 & 1 & 1 & 2 \\ 0 & 0 & 0 & 0 & 0 & 0 & 0 \end{pmatrix}$$

> 「隣接行列」または「接続行列」があれば，もとのグラフが復元できるわよ。

練習問題 64 (p. 138)

B は 4×4 の行列なので点の数は 4 個である。それらを P_1, P_2, P_3, P_4 として B の成分を見ながらグラフを描くと下のようになる。

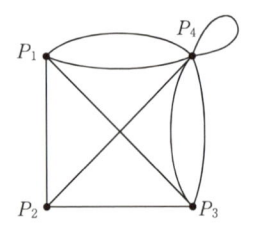

解 答 の 章　205

練習問題 65 (p. 139)

M は 4×6 行列なので

　　点の数 4，　辺の数 6

のグラフである。

　　点を P_1, P_2, P_3, P_4

　　辺を $e_1, e_2, e_3, e_4, e_5, e_6$

として，M の成分を見ながらグラフを描くと下のようになる。

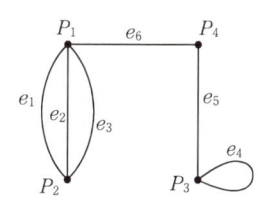

練習問題 66 (p. 143)

長さ $\underline{4}$ の $P_{\underline{3}}$-$P_{\underline{4}}$ 経路の数を求めたいので $A^{\underline{4}}$ の $(\underline{3}, \underline{4})$ 成分 $a_{34}{}^{(4)}$ を求めればよい。

$a_{34}{}^{(4)} = (A^2 \cdot A^2)$ の $(3,4)$ 成分

　　　　　 $= (A^2$ の第 3 行$)$ と

　　　　　　　$(A^2$ の第 4 列$)$ の積和

A^2 の第 3 行と第 4 列を計算すると

$$A^2 = \begin{pmatrix} 0 & 1 & 3 & 1 \\ 1 & 1 & 0 & 1 \\ 3 & 0 & 0 & 0 \\ 1 & 1 & 0 & 0 \end{pmatrix} \begin{pmatrix} 0 & 1 & 3 & 1 \\ 1 & 1 & 0 & 1 \\ 3 & 0 & 0 & 0 \\ 1 & 1 & 0 & 0 \end{pmatrix}$$

$$= \begin{pmatrix} \cdots & \cdots & \cdots & 1 \\ \cdots & \cdots & \cdots & 2 \\ 0 & 3 & 9 & 3 \\ \cdots & \cdots & \cdots & 2 \end{pmatrix}$$

∴ $a_{34}{}^{(4)} = (0\ 3\ 9\ 3)$ と $\begin{pmatrix} 1 \\ 2 \\ 3 \\ 2 \end{pmatrix}$ の積和

　　　　$= 0\times 1 + 3\times 2 + 9\times 3$

　　　　$+ 3\times 2 = 39$　∴　39 個

練習問題 67 (p. 145)

グラフを描き直して，切断点と橋を見つけやすくする。

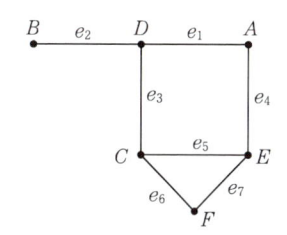

切断点は D，橋は e_2

練習問題 68 (p. 147)

(1)　K_6

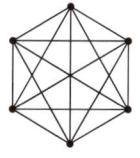

(2)　2-正則グラフの例

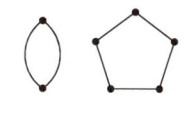

3-正則グラフの例

4-正則グラフの例

> 練習問題 61 のピーターセングラフも 3-正則グラフよ。いろいろ描いて見つけてね。

練習問題 69 (p. 149)

（1） 次のように描き直せるので2部グラフであることが確認される。

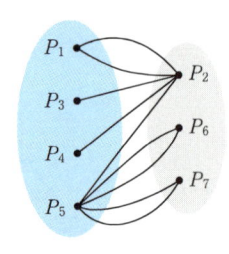

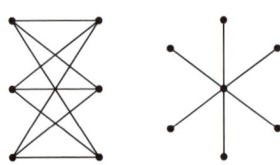

（2） $K(3,3)$　　$K(1,6)$

練習問題 70 (p. 151)

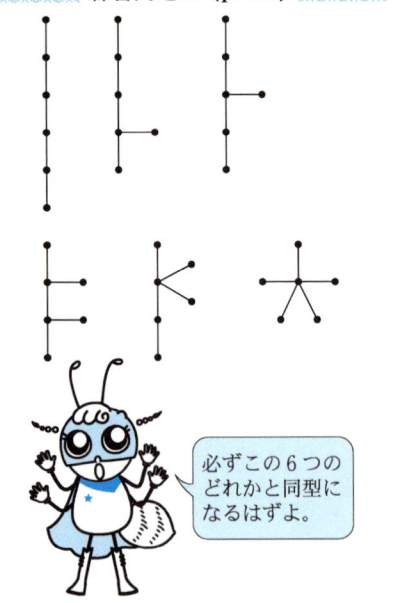

必ずこの6つのどれかと同型になるはずよ。

練習問題 71 (p. 152)

頂点の数が4なので全域木の辺の数は3である。G の辺の数は6なので辺の数3の部分グラフは

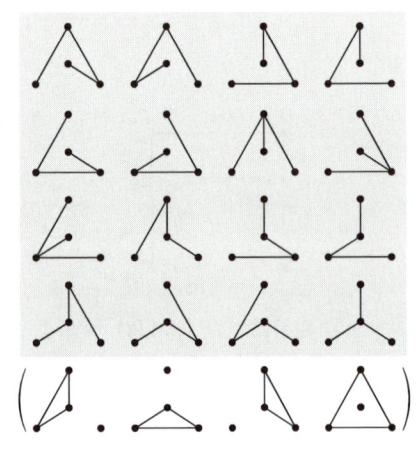

$$_6C_3 = \frac{6\cdot 5\cdot 4}{3\cdot 2\cdot 1} = 20 \text{(個)}$$

上記16個は全域木，残り4個は全域木ではない。

練習問題 72 (p. 154)

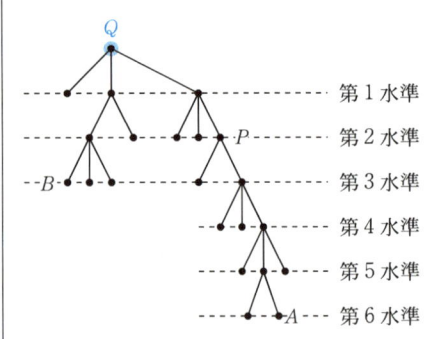

P の水準 $= 2$
A の水準 $= 6$
B の水準 $= 3$

練習問題 73 (p.156)

$p=6$, $q=10$, $r=6$ より
$$p-q+r = 6-10+6 = 2$$
ゆえにオイラーの公式が成立している。

練習問題 74 (p.160)

各グラフの頂点の次数を書き込むと次のようになる。

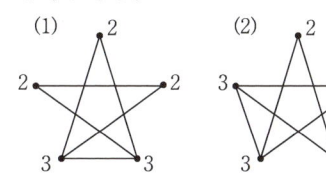

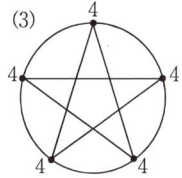

(1) 奇頂点が2個なので 周遊可能グラフである が，オイラーグラフではない 。周遊小道の一例は右の通り。

(2) 奇頂点が4つあるので， 周遊可能グラフではない 。

(3) すべての頂点が偶頂点なので オイラーグラフである 。オイラー小道の一例は右の通り。

練習問題 75 (p.161)

ハミルトン閉路の例

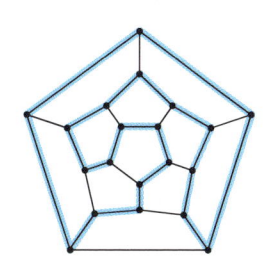

練習問題 76 (p.164)

採色の方法は1通りではない。以下は一例である。

次数	5	4	3			2	0
頂点	P_3	P_1	P_2	P_4	P_6	P_7	P_5
色	R	B	W	Y	W	B	R

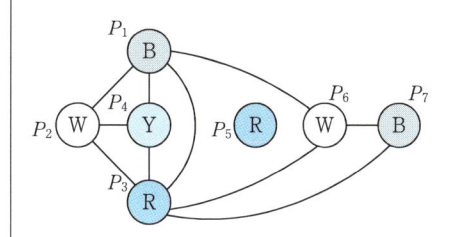

以上よりグラフは4-頂点採色可能である。また，P_1, P_2, P_3, P_4 の4頂点で完全グラフ K_4 を構成しているので最低4色必要である。ゆえに $\chi_V(G)=4$。

周遊小道
一筆描きの経路

オイラー小道
閉じている周遊小道

練習問題 77 (p. 166)

M について
$$p=5, \quad q=8, \quad r=5$$
なので M^* においては
$$p^*=5, \quad q^*=8, \quad r^*=5$$
となる。

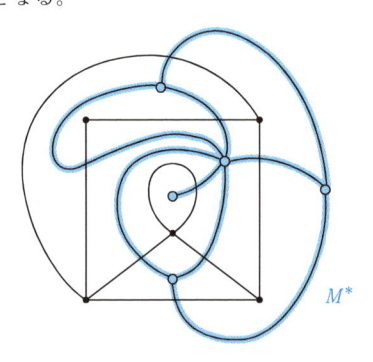

「双対グラフ」うまく描けた？
M と M^* の対応している辺どうしは，必ず交わっているはずよ。

練習問題 78 (p. 168)

M^* の頂点に
$$P_1^*, \ P_2^*, \ P_3^*, \ P_4^*, \ P_5^*$$
と名前をつけて頂点彩色する。

次数	6	3			1
頂点	P_3^*	P_1^*	P_2^*	P_5^*	P_4^*
色	R	B	W	W	B

この結果より M^* は 3-頂点彩色可能であり，また M^* は 3 角形 $P_1^* P_2^* P_3^*$ を含んでいるので，最低 3 色必要である。
$$\therefore \ \chi_V(M^*) = \chi_R(M) = 3$$

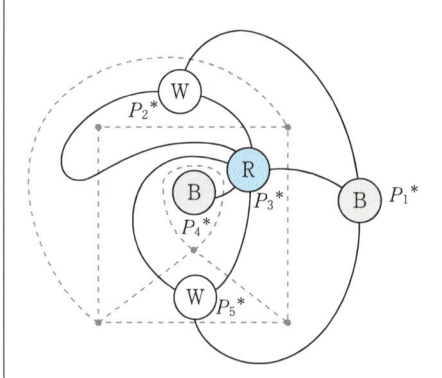

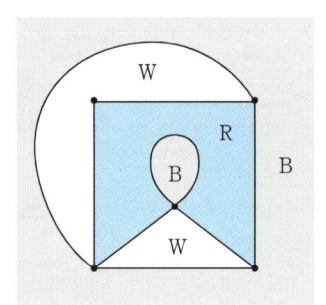

練習問題 79 (p. 172)

状態遷移関数が表で与えられているので、見方になれよう。

f	a_j		
	$\vdots$		
q_i	$\cdots$	q_k	$\cdots$
	$\vdots$		

$f(q_i, a_j) = q_k$

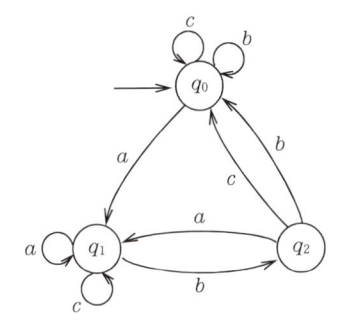

練習問題 80 (p. 175)

(1)

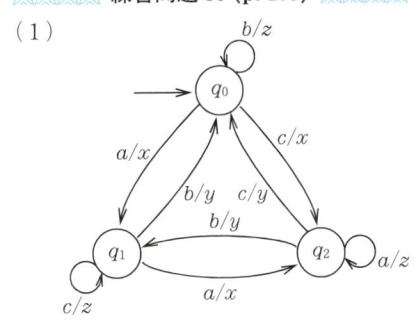

(2) q_0 より順次入力すると

$q_0 \xrightarrow{a/x} q_1 \xrightarrow{b/y} q_0 \xrightarrow{c/x} q_2$
$\xrightarrow{a/z} q_2 \xrightarrow{b/y} q_1 \xrightarrow{c/z} q_1$

これより出力記号列は

x, y, x, z, y, z

練習問題 81 (p. 179)

(1)

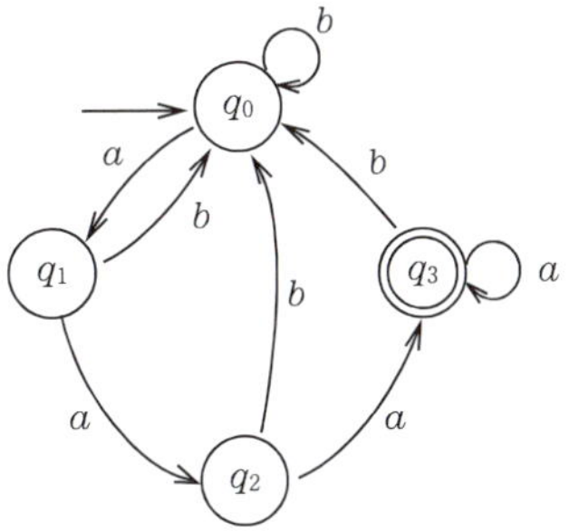

(2) ① $q_0 \xrightarrow{a} q_1 \xrightarrow{a} q_2 \xrightarrow{b} q_0$
∴ 却下

② $q_0 \xrightarrow{b} q_0 \xrightarrow{a} q_1 \xrightarrow{a} q_2$
$\xrightarrow{a} q_3 \xrightarrow{b} q_0$ ∴ 却下

③ $q_0 \xrightarrow{a} q_1 \xrightarrow{b} q_0 \xrightarrow{b} q_0$
$\xrightarrow{b} q_0 \xrightarrow{a} q_1 \xrightarrow{a} q_2$
∴ 却下

④ $q_0 \xrightarrow{b} q_0 \xrightarrow{b} q_0 \xrightarrow{a} q_1$
$\xrightarrow{a} q_2 \xrightarrow{a} q_3 \xrightarrow{a} q_3$
∴ 受理

(3) 最後に 3 回以上 a が続く記号列を受理する。

ユークリッドの互除法

2つの自然数 a, b の最大公約数を (a, b) で表します。たとえば、

$$(3, 5) = 1, \quad (30, 12) = 6$$

などです。a と b が共通の素因数をもたなければ $(a, b) = 1$ となります。2つの自然数 a, b の最大公約数を求めるときには、"ユークリッドの互除法" という方法がよく使われます。

> [整除の定理]
> 整数 a と自然数 b に対して、
> $$a = qb + r \quad (0 \leq r < b)$$
> をみたす整数 q, r がただ1組存在する。

$a, b\ (a > b)$ に対して、整除の定理より、$a = qb + r\ (0 \leq r < b)$ となる q, r がただ1組存在して、$r = a - qb$ と書けます。$(a, b) = m$ とするとき、$a = ma'$, $b = mb'$, $(a', b') = 1$ と表されるので、$r = m(a' - qb')$ と書け、$(a, b) = (r, b)$ が成立します。ここで $b > r$ なので、再び整除の定理が使えます。つまり、

$$(a, b) = (a - qb, b)$$

の操作を繰り返し、片方が 0 になるまで続ければ、0 でない方が a, b の最大公約数となるわけです。たとえば、

$$\begin{aligned}
(2007, 7002) &= (2007, 7002 - 3 \times 2007) = (2007, 981) \\
&= (2007 - 2 \times 981, 981) = (45, 981) \\
&= (45, 981 - 21 \times 45) = (45, 36) \\
&= (45 - 1 \times 36, 36) = (9, 36) \\
&= (9, 36 - 4 \times 9) = (9, 0) \\
&= 9
\end{aligned}$$

と求まります。互除法の操作は、行列の基本変形 "ある列を k 倍して、他の列に加える(引く)" と同じことに気がつけば、覚えやすいでしょう。

本書で使われている主な記号の意味

● 集合と論理

$a \in A$	a は集合 A の要素である	……3
$b \notin A$	b は集合 A の要素ではない	……3
$\boldsymbol{N}$	自然数全体の集合	……3
$\boldsymbol{Z}$	整数全体の集合	……3
$\boldsymbol{Q}$	有理数全体の集合	……3
$\boldsymbol{R}$	実数全体の集合	……3
$\boldsymbol{C}$	複素数全体の集合	……3
ϕ	空集合	……5
$A \subseteq B$	集合 A は集合 B の部分集合	……5
$A = B$	集合 A は集合 B に等しい	……5
$A \subset B, A \subsetneq B$	集合 A は集合 B の真部分集合	……6
$\mathcal{P}(A), 2^A$	A のベキ集合	……6
$\forall x \in A$	集合 A に属する<u>任意</u>の要素	……8
$\exists x \in A$	集合 A に属する<u>ある</u>要素	……8
$A \cup B$	A と B の和集合	……10
$A \cap B$	A と B の積集合	……10
$\overline{A}$	A の補集合	……10
$n(A), |A|, \#(A)$	有限集合 A の要素の数	……13
T	真	……15
F	偽	……15
$p \lor q$	命題 p と命題 q の選言, or 演算, 論理和	……18
$p \land q$	命題 p と命題 q の連言, and 演算, 論理積	……18
$\sim p$	命題 p の否定, not p, 論理否定	……19
$P(p, q, r, \cdots)$	命題 $p, q, r, \cdots$ で構成されている複合命題	……20
$P \equiv Q$	論理式 P と Q が同値	……22
$p \to q$	条件命題, 条件付き命題, 含意	……24
$P \Rightarrow Q$	命題 P が真のとき, 命題 Q が真であることを論理的に導けること	…28
$P \not\Rightarrow Q$	命題 P が真のとき, 命題 Q が真であることを論理的に導けないこと	…30

● 関係と写像

$A \times B$	集合 A と集合 B の直積	……36
$A^n = A \times A \times \cdots \times A$	集合 A の n 個の直積	……36
$\prod_{i=1}^{n} A_i = A_1 \times A_2 \times \cdots \times A_n$	n 個の集合 $A_1, A_2, \cdots, A_n$ の直積	……36
aRb	関係 R について $(a, b) \in R$	……38
$a\cancel{R}b$	関係 R について $(a, b) \notin R$	……38
$R \circ S$	関係 R と S の合成	……40
R^{-1}	関係 R の逆関係	……42
C_a	a の同値類	……49
A/R	集合 A の同値関係 R による類別	……50
$a \equiv b \pmod{m}$	$a - b$ は m の倍数	……54
$\mathbf{Z}_m$	整数の集合 $\mathbf{Z}$ の $\mathrm{mod}.m$ による類別	……54
$f(A)$	A 上の写像 f による像	……56
S_n	n 次の置換全体	……60
$\varphi \circ \sigma$	置換 σ と φ の積	……61
σ^{-1}	置換 σ の逆置換	……61
$\aleph_0$	可算濃度（記号の読み方：アレフゼロ）	……63
$\aleph$	連続濃度（記号の読み方：アレフ）	……64

● 代 数 系

$(A ; *)$	集合 A の演算 $*$ に関する代数系	……66
e	集合 A の単位元	……70
a^{-1}	要素 a の逆元	……71
S_n	n 次の対称群（n 次の置換全体）	……83
$(A ; +, \times)$	集合 A の 2 つの演算 $+$ と $\times$ に関する代数系	……86
$F[X]$	体 F 上の多項式環	……91
$\varphi(n)$	オイラーの関数	……96

● 順序集合と束

$(A;R)$	集合 A に半順序 R が定義されている半順序集合	……98
$m \mid n$	m は n の約数 ……100	
$a < b$	$a \leq b$ and $a \neq b$ ……106	
$a \ll b$	$a < b$ かつ,$a < x < b$ となる x は存在しない ……106	
$\max A$	半順序集合 A の最大元 ……110	
$\min A$	半順序集合 A の最小元 ……110	
$\sup M$	半順序集合の部分集合 M の上限 ……112	
$\inf M$	半順序集合の部分集合 M の下限 ……113	
$(A;\vee,\wedge,\bar{\ },1,0)$	演算 $\vee$ と $\wedge$,補元 $\bar{\ }$,最大元 1,最小元 0 をもつブール代数(束) ……123	

● グ ラ フ

(V,E)	頂点の集合 V,辺の集合 E のグラフ ……130	
$G \cong G'$	グラフ G と G' は同型 ……132	
$d(P)$	頂点 P の次数 ……132	
$l(W)$	経路 W の長さ ……140	
K_n	頂点の数が n 個の完全グラフ ……146	
$K(m,n)$	完全 2 部グラフ ……148	
$\chi_V(G)$	最小の頂点彩色数 ……162	
$\chi_R(G)$	最小の領域彩色数 ……165	

索　引

〈記号〉

$(C\,;+,\times)$	*89*
$(D_6\,;\vee,\wedge,\bar{},6,1)$	*124*
$(D_8\,;\,\vert\,)$	*103*
D_{12}	*100*
$(D_{12}\,;\,\vert\,)$	*100*
$(D_{15}\,;\vee,\wedge,\bar{},15,1)$	*125*
D_{18}	*100*
$(D_{18}\,;\,\vert\,)$	*100*
$(D_{27}\,;\,\vert\,)$	*103*
$(D_{30}\,;\,\vert\,)$	*118*
$(D_{30}\,;\vee,\wedge,\bar{},30,1)$	*126*
$(D_{36}\,;\,\vert\,)$	*115, 118*
$(D_{70}\,;\vee,\wedge,\bar{},70,1)$	*127*
$(D_{81}\,;\,\vert\,)$	*108*
$(D_m\,;\,\vert\,)$	*103*
$(D_N\,;\vee,\wedge,\bar{},N,1)$	*127*
K_1	*146*
K_2	*147*
K_3	*146*
K_4	*147*
K_5	*146, 157, 158*
K_6	*147*
K_n	*162*
$K(1,3)$	*149*
$K(1,5)$	*148*
$K(1,6)$	*149*
$K(1,n)$	*148*
$K(2,3)$	*148*
$K(2,4)$	*149*
$K(3,3)$	*149, 158*
$(\boldsymbol{N}\,;\,\vert\,)$	*100*
$(\boldsymbol{N}\,;+)$	*73*
$(\boldsymbol{N}\,;<)$	*102*
$(\boldsymbol{N}\,;\times)$	*73*
$(\boldsymbol{N}\,;\leqq)$	*102, 106*
$(\boldsymbol{N}\times\boldsymbol{N}\,;\leqq)$	*101, 105*
$(\mathcal{P}(S)\,;\cup,\cap,\bar{},S,\phi)$	*127*
$(\boldsymbol{Q}\,;+)$	*75*
$(\boldsymbol{Q}^*\,;\times)$	*75*
S_3	*61, 84*
$(S_3\,;\circ)$	*85*
$(S_n\,;\circ)$	*83*
$(\boldsymbol{Z}\,;+)$	*70, 72, 73, 75*
$(\boldsymbol{Z}\,;-)$	*72, 73*
$(\boldsymbol{Z}\,;\times)$	*70*
$(\boldsymbol{Z}[X]\,;+,\times)$	*92, 93*
$\boldsymbol{Z}_2[X]$	*95*
$\boldsymbol{Z}_2[X]/(x^2+x+1)$	*95*
$\boldsymbol{Z}_3$	*67, 70*
$(\boldsymbol{Z}_3\,;+)$	*70, 71, 76, 81*
$(\boldsymbol{Z}_3\,;\times)$	*70, 71, 76*
$(\boldsymbol{Z}_3^*\,;\times)$	*76, 81*
$(\boldsymbol{Z}_3\,;+,\times)$	*87, 89*
$(\boldsymbol{Z}_3[X]\,;+,\times)$	*95*
$(\boldsymbol{Z}_4\,;+)$	*77, 81*
$(\boldsymbol{Z}_4\,;\times)$	*77*
$(\boldsymbol{Z}_4^*\,;\times)$	*77, 81*
$(\boldsymbol{Z}_4\,;+,\times)$	*89*
$\boldsymbol{Z}_5$	*67*
$(\boldsymbol{Z}_5\,;+)$	*70, 71*
$(\boldsymbol{Z}_5\,;\times)$	*70, 71*
$\boldsymbol{Z}_p$	*95*
$(\boldsymbol{Z}_p\,;+,\times)$	*197*
$\boldsymbol{Z}_m$	*67*
$\aleph$	*64, 180*
$\aleph_0$	*63, 64, 180*

〈あ行〉

アッペル	*169*
アーベル	*82*

アーベル群	74, 82	関係	38
r-正則グラフ	146	逆——	42
暗号	96	関係行列	43
暗号化鍵	96	関係グラフ	43
and 演算	18	関数	56
1-正則グラフ	146	完全 2 部グラフ	148
1 対 1	57, 180	完全グラフ	146
1 の 3 乗根	195	偽	15
ウェーバー	82	木グラフ	150
Welch-Powell の頂点彩色アルゴリズム	163	奇頂点	132
		逆	26
裏	26	逆関係	42
枝	153	逆元	71
n-頂点彩色可能	162	既約多項式	95
n-閉路	141	逆置換	61
演算表	67	吸収律	10, 121
or 演算	18	極小元	110
オイラー	55, 176	極大元	110
オイラーグラフ	159, 176	空集合	5
オイラー小道	159	偶頂点	132
オイラーの関数	96	クラトフスキーの定理	158
オイラーの公式	156, 176	グラフ	130
オイラーの定理	96	1-正則——	146
〈か行〉		2-正則——	146, 147
		2 部——	148, 163
下界	113	3-正則——	146, 147
可換環	86	4-正則——	147
可換群	74	r-正則——	146
下限	113	オイラー——	159, 176
可算集合	13, 63	関係——	43
可算濃度	63	完全——	146
ガスリー	169	完全 2 部——	148
可付番（無限）集合	13, 63	木——	150
加法群	74	真部分——	131
加法単位元	86	正則——	146
ガロア	82	全域部分——	131
環	82, 86	双対——	165, 169
可換——	86	多重——	131
整数——	88	単純——	131
多項式——	91	同相な——	158
単位元をもつ——	86	ハミルトン——	161
含意	24	ピーターセン——	134, 158

部分——	131
平面——	155
有向——	43
グラフ理論	169
群	74, 82
アーベル——	74, 82
可換——	74
加法——	74
巡回——	79
乗法——	74
対称——	83
置換——	83
無限——	74
無限巡回——	79
有限——	74
有限巡回——	79
係数体	90
k-領域彩色可能	165
経路	140
結合律	10, 22, 69, 121
結論	24
ゲーデル	180
ケーニヒスベルク	176
元	3
公開鍵	96
交換律	10, 22, 69
恒真命題	21
合成	40
交代群	85
恒等写像	56
恒等置換	60
合同方程式	82
コーシー	82
小道	140
オイラー——	159
周遊——	159
孤立点	132
コントラディクション	21

〈さ行〉

最小元	110
最大元	110

3次の対称群 S_3	84
3次の置換 S_3	61
3-正則グラフ	146, 147
三段論法	28
辞書式順序	105
次数	90, 132
実数体	88
写像	56
シャノン	128
集合	2
可算——	13, 63
可付番（無限）——	13, 63
空——	5
出力——	173
受理（状態）——	177
状態——	170, 173, 177
真部分——	6
積——	10
全順序——	102
全体——	5
直積——	36
入力——	170, 173, 177
半順序——	98
部分——	5
べき——	6
補——	10
無限——	13, 180
有限——	13
離散——	13, 63
和——	10
十分条件	30
周遊小道	159
述語	16
述語関数	17
述語論理学	17
述語論理式	17
出力関数	173
出力集合	173
出力付き有限オートマトン	173
受理状態	177
受理（状態）集合	177
順	26

巡回群	79
巡回セールスマン問題	161
順序	98
順序機械	173
順序対	36
上界	112
条件	24
上限	112
条件付き命題	24
条件命題	24
状態機械	171
状態集合	170, 173, 177
状態遷移	170
状態遷移関数	170, 177
乗法群	74
乗法単位元	86
証明	28
剰余類	54
初期状態	170
真	15
真部分グラフ	131
真部分集合	6
真理値	15, 17
真理表	20
推移律	46, 98
水準	153
数学的帰納法	32
整除の定理	54, 55, 210
整数環	88
生成元	79
正則グラフ	146
正多面体	176
積	61
積集合	10
接続	131
接続行列	136
切断点	144
ゼロ元	70, 86
全域木	152
全域部分グラフ	131
線形順序	102
選言	18
全射	57
全順序	102
全順序集合	102
全称記号 ∀	8
全体集合	5
全単射	57
像	56
双対グラフ	165, 169
束	116
存在記号 ∃	8

〈た行〉

体	82, 88
実数 ——	88
複素数 ——	88
有限 ——	88, 197
有理数 ——	88
第1成分	36
対角線論法	64, 180
ダイク	82
対偶	26
対偶法	28
対称群	83
3次の ——	84
対称律	46, 121
代数系	66
離散 ——	66
代数的に解く	82
代数方程式	82
第2成分	36
代表元	50
多項式	90
既約 ——	95
多項式環	55, 91
多重グラフ	131
多重辺	131
単位元	70
加法 ——	86
乗法 ——	86
単位元をもつ環	86
単射	57
単純グラフ	131

端点	*131, 132*
値域	*56*
置換	*60, 82, 83*
3次の——	*61*
逆——	*61*
恒等——	*60*
置換群	*83*
地図	*165*
地図の塗り分け問題	*169*
頂点	*130*
頂点彩色	*162*
頂点彩色可能	*162*
直積	*36*
直積集合	*36*
定義域	*56*
デデキント	*34*
点	*130*
同型	*132*
同相なグラフ	*158*
同値	*22, 30*
同値関係	*49*
同値類	*49*
閉じている	*66, 140*
トートロジー	*21*
ド・モルガン	*128, 169*
ド・モルガンの法則	*11, 22*

〈な行〉

内部状態	*170*
長さ	*140*
7つの橋問題	*176*
2項演算	*66*
2-正則グラフ	*146, 147*
2部グラフ	*148, 163*
入力集合	*170, 173, 177*
認識状態	*177*
根	*153*
根付き木	*153*
濃度	*63, 180*
可算——	*63*
連続——	*64*
not p	*19*

〈は行〉

葉	*153*
背理法	*28*
ハーケン	*169*
橋	*144, 165*
パース	*82*
ハッセ図	*106*
ハミルトン	*128*
ハミルトングラフ	*161*
ハミルトン閉路	*161*
半群	*72*
反射律	*46, 98*
半順序	*98*
半順序集合	*98*
反対称律	*46, 98*
反例	*184*
比較可能	*98*
比較不可能	*98*
ピーコック	*128*
ピーターセングラフ	*134, 158*
必要十分条件	*30*
必要条件	*30*
否定	*19*
秘密鍵	*96*
非連結	*144*
フェルマーの小定理	*96*
深さ	*153*
復号化鍵	*96*
複合命題	*22*
複素数体	*88*
部分グラフ	*131*
部分集合	*5*
ブール	*128*
ブール論理代数	*128*
フレーゲ	*34*
分配律	*10, 22, 122*
分離点	*144*
分離辺	*144*
ペアノ	*34*
ペアノの公理	*32, 34*
平面グラフ	*155*

平面的	155	有限巡回群	79
閉路	141	有限体	88, 197
ハミルトン ——	161	有向グラフ	43
べき集合	6	有理数体	88
ベキ等律	10, 22, 121	有理数の稠密性	180
辺	130	ユークリッドの互除法	210
ベン図	10	要素	3
ホイットニー	169	4色定理	163
補元	122	四色問題	169
星グラフ	148	4-正則グラフ	147
補集合	10	4-領域彩色可能	167
歩道	140		

〈ま行〉

〈ら行〉

道	140	ラグランジュ	82
無限群	74	ラベル	171
無限集合	13, 180	ラベル付き有向グラフ	171
無限巡回群	79	離散集合	13, 63
無限領域	155	離散代数系	66
矛盾命題	21	領域彩色可能	165
命題	15	隣接	131
恒真 ——	21	隣接行列	136
条件 ——	24	類別	50
条件付き ——	24	ループ	43, 131
複合 ——	22	連結	144
矛盾 ——	21	連言	18
命題関数	16	連続体仮説	180
命題変数	17	連続濃度	64
命題論理	17	論理演算	18
命題論理式	17	論理演算子	17
モノイド	72	論理式	22
		論理積	18

〈や行〉

		論理否定	19
		論理和	18

		〈わ行〉	
有限オートマトン	177		
出力付き ——	173	和集合	10
有限群	74		
有限集合	13		

Memorandum

Memorandum

著者略歴

石村 園子（いしむら そのこ）
元 千葉工業大学教授
著 書 『やさしく学べる微分積分』（共立出版）
　　　『やさしく学べる線形代数』（共立出版）
　　　『やさしく学べる基礎数学
　　　　　──線形代数・微分積分──』（共立出版）
　　　『やさしく学べる微分方程式』（共立出版）
　　　『やさしく学べるラプラス変換・フーリエ解析(増補版)』（共立出版）
　　　『やさしく学べる統計学』（共立出版）
　　　『大学新入生のための数学入門(増補版)』（共立出版）
　　　『大学新入生のための微分積分入門』（共立出版）
　　　『大学新入生のための線形代数入門』（共立出版）
　　　『工学系学生のための数学入門』（共立出版）
　　　ほか

やさしく学べる離散数学　　　著　者　石村園子 © 2007
Easy Learning Series　　　　発行所　共立出版株式会社／南條光章
　　Discrete Mathematics
　　　　　　　　　　　　　　東京都文京区小日向4丁目6番19号
　　　　　　　　　　　　　　電話　東京(03)3947-2511番（代表）
2007年 9月30日 初版1刷発行　　郵便番号112-0006
2025年 2月 1日 初版37刷発行　　振替口座 00110-2-57035番
　　　　　　　　　　　　　　URL　www.kyoritsu-pub.co.jp

印刷所　中央印刷株式会社
製本所　協栄製本

検印廃止
　　　　　　　　　　　　　　　　　一般社団法人
NDC 410　　　　　　　　　　　　自然科学書協会
　　　　　　　　　　　　　　　　　会員
ISBN 978-4-320-01846-4　　Printed in Japan

JCOPY ＜出版者著作権管理機構委託出版物＞
本書の無断複製は著作権法上での例外を除き禁じられています．複製される場合は，そのつど事前に，出版者著作権管理機構（TEL：03-5244-5088，FAX：03-5244-5089，e-mail：info@jcopy.or.jp）の許諾を得てください．

◆ **色彩効果の図解と本文の簡潔な解説により数学の諸概念を一目瞭然化！**

ドイツ Deutscher Taschenbuch Verlag 社の『dtv-Atlas事典シリーズ』は，見開き２ページで１つのテーマが完結するように構成されている．右ページに本文の簡潔で分り易い解説を記載し，かつ左ページにそのテーマの中心的な話題を図像化して表現し，本文と図解の相乗効果で理解をより深められるように工夫されている．これは，他の類書には見られない『dtv-Atlas 事典シリーズ』に共通する最大の特徴と言える．本書は，このシリーズの『dtv-Atlas Mathematik』と『dtv-Atlas Schulmathematik』の日本語翻訳版．

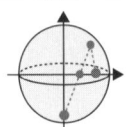

カラー図解 **数学事典**

Fritz Reinhardt・Heinrich Soeder［著］
Gerd Falk［図作］
浪川幸彦・成木勇夫・長岡昇勇・林　芳樹［訳］

数学の最も重要な分野の諸概念を網羅的に収録し，その概観を分り易く提供．数学を理解するためには，繰り返し熟考し，計算し，図を書く必要があるが，本書のカラー図解ページはその助けとなる．

【主要目次】まえがき／記号の索引／序章／数理論理学／集合論／関係と構造／数系の構成／代数学／数論／幾何学／解析幾何学／位相空間論／代数的位相幾何学／グラフ理論／実解析学の基礎／微分法／積分法／関数解析学／微分方程式論／微分幾何学／複素関数論／組合せ論／確率論と統計学／線形計画法／参考文献／索引／著者紹介／訳者あとがき／訳者紹介

■菊判・ソフト上製本・508頁・定価6,050円(税込)■

カラー図解 **学校数学事典**

Fritz Reinhardt［著］
Carsten Reinhardt・Ingo Reinhardt［図作］
長岡昇勇・長岡由美子［訳］

『カラー図解 数学事典』の姉妹編として，日本の中学・高校・大学初年級に相当するドイツ・ギムナジウム第５学年から13学年で学ぶ学校数学の基礎概念を１冊に編纂．定義は青で印刷し，定理や重要な結果は緑色で網掛けし，幾何学では彩色がより効果を上げている．

【主要目次】まえがき／記号一覧／図表頁凡例／短縮形一覧／学校数学の単元分野／集合論の表現／数集合／方程式と不等式／対応と関数／極限値概念／微分計算と積分計算／平面幾何学／空間幾何学／解析幾何学とベクトル計算／推測統計学／論理学／公式集／参考文献／索引／著者紹介／訳者あとがき／訳者紹介

■菊判・ソフト上製本・296頁・定価4,400円(税込)■

www.kyoritsu-pub.co.jp　　**共立出版**　　(価格は変更される場合がございます)

代数系

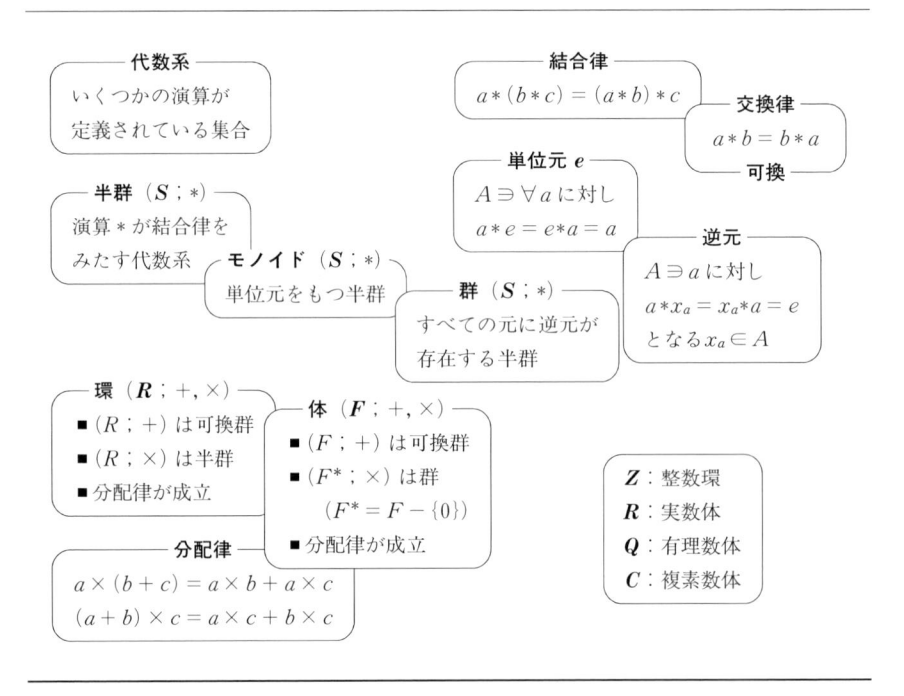

代数系
いくつかの演算が定義されている集合

結合律
$a*(b*c) = (a*b)*c$

交換律
$a*b = b*a$
可換

半群 $(S;*)$
演算 $*$ が結合律をみたす代数系

単位元 e
$A \ni \forall a$ に対し
$a*e = e*a = a$

モノイド $(S;*)$
単位元をもつ半群

群 $(S;*)$
すべての元に逆元が存在する半群

逆元
$A \ni a$ に対し
$a*x_a = x_a*a = e$
となる $x_a \in A$

環 $(R; +, \times)$
- $(R; +)$ は可換群
- $(R; \times)$ は半群
- 分配律が成立

体 $(F; +, \times)$
- $(F; +)$ は可換群
- $(F^*; \times)$ は群
  $(F^* = F - \{0\})$
- 分配律が成立

$\boldsymbol{Z}$：整数環
$\boldsymbol{R}$：実数体
$\boldsymbol{Q}$：有理数体
$\boldsymbol{C}$：複素数体

分配律
$a \times (b+c) = a \times b + a \times c$
$(a+b) \times c = a \times c + b \times c$

順序集合と束

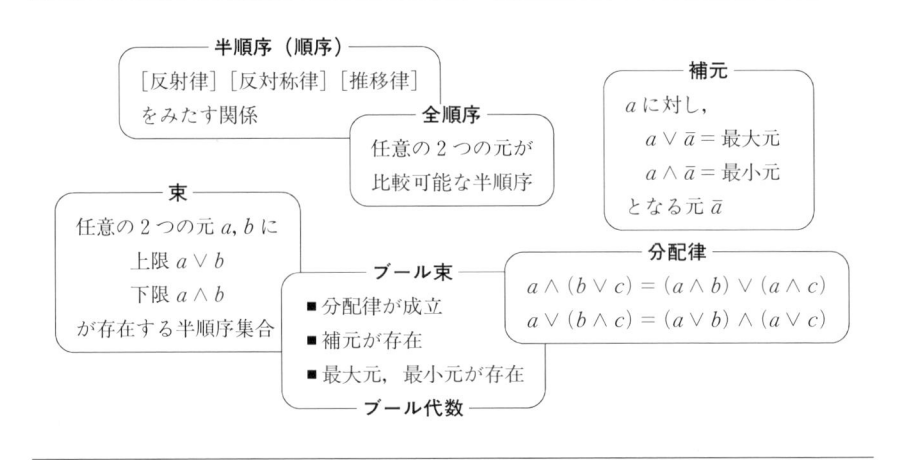

半順序（順序）
[反射律][反対称律][推移律]
をみたす関係

全順序
任意の2つの元が比較可能な半順序

補元
a に対し,
$a \vee \bar{a} =$ 最大元
$a \wedge \bar{a} =$ 最小元
となる元 $\bar{a}$

束
任意の2つの元 a, b に
上限 $a \vee b$
下限 $a \wedge b$
が存在する半順序集合

ブール束
- 分配律が成立
- 補元が存在
- 最大元, 最小元が存在

ブール代数

分配律
$a \wedge (b \vee c) = (a \wedge b) \vee (a \wedge c)$
$a \vee (b \wedge c) = (a \vee b) \wedge (a \vee c)$